U0176173

中国食物

蔬菜史话

A BRIEF CHINESE HISTORY OF VEGETABLES

中科院植物学博士、科普作家

史军 著

中信出版集团 | 北京

图书在版编目（CIP）数据

中国食物.蔬菜史话/史军著.--北京：中信出
版社,2022.3 (2022.3重印)
ISBN 978-7-5217-3901-5

Ⅰ.①中… Ⅱ.①史… Ⅲ.①饮食—文化—中国②蔬
菜—生物学史—中国 Ⅳ.①TS971.202②S63-092

中国版本图书馆CIP数据核字(2022)第007174号

中国食物：蔬菜史话

著　　者：史军
策划推广：北京地理全景知识产权管理有限责任公司
出版发行：中信出版集团股份有限公司
　　　　　（北京市朝阳区惠新东街甲4号富盛大厦2座　邮编　100029）
承 印 者：北京华联印刷有限公司

开　　本：889mm×1194mm　1/32　　印　张：7.5　　字　数：200千字
版　　次：2022年3月第1版　　　　　印　次：2022年3月第2次印刷
书　　号：ISBN 978-7-5217-3901-5
定　　价：68.00元

关心粮食和蔬菜

陈晓卿

《舌尖上的中国》导演

史军兄请我为他的新书《蔬菜史话》作序，这有点儿难。在植物学方面，史博士的研究和造诣有目共睹，我一个拍纪录片的，完全没有能力在专业层面上插话。不过，从《舌尖上的中国》到《风味人间》，史军一直是我们团队的科学顾问，非常勤勉，这又让我无法推辞。就这样，书稿在行李中待了三个月，走过的行程超过一万公里，我零零碎碎地写了一点儿文字，不应该算序言，只能说是粗浅的读后感吧。

首先，这是一本有趣的故事书，读起来生趣盎然。

所谓讲故事，无外乎两个方面：一个是态度，一个是技巧。史博士长期从事科普创作，能够把艰深的科学道理用平白生动的语言表述出来。这本书中提到的很多蔬菜，都被史军赋予了"人设"，以及他对这个世界充满善意的期待。打个比方，这本书更像是用生物课、地理课和历史课的知识讲的一堂文学课外讲座，听着开心，且没有课后作业。史军就是那个讲座嘉宾，一个非常好的 Story Teller（说书人）。

生活里，史军是个充满好奇心的人，他不仅写专栏、做演讲、录音频和 vlog（视频博客），还组织各种各样的田野科学活动。每次遇到类似繁缕这样的植物，他最大的爱好，就是让大家去数它有几片花瓣——这种行为，只能建立在他对自然界的无穷好奇和深刻认知之上。

在故事技巧方面，史军也一直寻找着最适合自己的文风和文本，他有自己的一套话语体系。我的总结是，他既照顾到了感性的、线性故事讲述的连贯性，又有理性的、均衡的"知识八卦"密度。所谓"史话"不仅是历史叙述，也可以视作"史军话术"的双关。

在史军的笔下，单一蔬菜的培植演化，像朝代更迭的大剧；多种蔬菜之间，又像后宫争斗的舞台，一会儿乘风破浪，一会儿披荆斩棘。其间穿插的有趣信息点，有地域"炮"，有"鄙视"链，枯燥的知识被当下年轻人流行的词汇——串联，在轻松的阅读过程中，时常能让你会心一笑。

其次，这是一本简洁明了的实用工具书。

史军一直是我们美食纪录片在植物学方面的顾问，他很热心，经常不厌其烦地回答摄制组略显浅白的问题，在工作室，我目睹过三个人同时给他写邮件的"盛况"。拿到书稿后，先睹为快的小伙伴如获至宝，有人甚至很快做出了全书的思维导图，因为对我们的拍摄来说，它非常实用。

我们的纪录片一直都关注着一个主题，即"食物与人的关系"。《蔬菜史话》的成书过程中，这个主题也伴随始终。史军对地理的"横线"和历史的"纵线"进行了有意义的梳理。针对具象的蔬菜，我们通过阅读，不仅可以把它起源、迁徙的自然地理环境摸得清清楚楚，也可以把每一个阶段性的培植演化，关联到我们熟知的历史年代。比如大唐盛世,我们以为它出现的主要原因是政通人和,但"史话"告诉我们,其中一个重要因素是农业的稳定增长——那时的气温大概比现在高 1 ~ 2℃,粮食、蔬菜、水果持续丰产,这直接促进了社会经济的繁荣。

书中有很多"硬核"知识,也有很多看似信手拈来的"冷知识",更重要的是,史军在写作过程中,用事实支撑了自己鲜明的观点。比如如何看待野菜——史军在开篇就很客观地说,我们最早的蔬菜原本是野菜,它伴随我们的祖先走过了长路漫漫的远古时代。同时,书中不乏对野菜风味的赞美,他无限惋惜荠菜无法进入菜园的同时,又夸赞它因为富含叶醇,带给口腔、鼻腔的特殊甜香氛围——"就好像麦芽糖浆混上了新鲜的菠菜"。

不过,在随后的专题里,他又十分理性地比照了野菜和家蔬,指出前者不仅普遍口感苦粗,而且有安全隐患:生物碱、氰化物、木藜芦毒素和酚类化合物"四大元凶",是阻碍野菜进入我们日常饮食的最根本原因。在很多人崇尚自然、有机的今天,这本书给了我们值得思考的答案。

最后,这还是一本诱人的美食书。

中国人把食物分成饭和菜,其中蔬菜在食物总量中的比重可以占到 1/4 左右。中国人之所以是中国人,蔬菜在其中起到了很重要的作用。而且中国人对蔬菜的爱不仅仅体现在培育种植上,也体现在加工和烹饪上。尽管对于采摘之后的阶段,史军的笔墨非常少,但从蔬菜被选择和被淘汰的经历中,我们也可以看到人们对蔬菜口味的变迁。

中国人对"口舌之欢"的需求,有时甚至能够决定物种的兴旺与衰微。书里有一个故事讲的是蔓菁,它从最初的亦饭亦菜,受人追捧(汉桓帝和诸葛亮都给过很高评价),到后来的无人问津,最重要的原因是被中国人称为"口感"的东西。由于干物质比较多,蔓菁口感粗糙,不如马铃薯(阳芋的俗称,也叫土豆、洋芋)细腻,更无法像萝卜那样入口即化,退出大众饭桌在所难免。

另一个故事说的是葵,中国曾经的"百菜之主"。我在重庆吃过冬葵,当地人称作"冬寒菜",用它来熬粥,据说能养胃。冬寒菜的叶片上有一层细细的茸毛,只有遇到油脂时,茸毛才会变软,吞咽的时候能顺滑许多。葵之所以后来被大白菜(可巧,大白菜是蔓菁的"表亲")淘汰,很显然也是因为口感。尽管它叶片里含有大量的多糖物质,在今天看来对健康有利,但是为了"口舌之欢",我们依然没有对它网开一面。

看看,一本书可以让我们在餐桌上,更多地了解食物背后的内容,也增加了谈资,这就是我认为它是本美食书的原因。那么,可能要说一下我对美食的看法了——什么样的食物可以算作美食?是看排行榜吗?是看客单价吗?是看KOL(意见领袖)的推荐吗?我理解的食物是平等的,没有美丑之分。

现在市面上的美食文字无外乎三种:一是拼资源和见识,吃到的都是常人难以吃到的食物;二是拿食物抒怀,寄托人生和人文情感;三是告诉我们食物中鲜为人知的道理。这三种风格的文本都有自己的受众,而史军这本书恰好属于最后一种,它告诉了我们很多道理。

"道理"和"美食"有关系吗?我认为有。我前几天见到了北京美食作家霍爷,与他说起"美食到底是什么"的话题。霍爷的答案让我觉得特别温暖和实在。他认为美食不是那些我们吃不到的东西，而是对我们日常食物越来越多的了解。因为了解了它背后的讲究和学问，在享用的时候就多了些知性的愉悦感，无形中提高了我们的食趣和品味，让我们更加热爱生活。霍爷说："您看，没多花一分钱，我们的生活品质就提高了。"

我同意霍爷的话，也更愿意过这种"品质生活"。从今天起，关心粮食和蔬菜。面朝大海，春暖花开。

中国人的蔬菜观

爱种菜的中国人

中国人喜欢种菜是全世界都知道的事情。据说在西方朋友对于中国的印象调查中，出现频率最高的词就是"大熊猫"和"种菜"。这事儿不用多解释，因为中国人不仅善于把荒野变成菜地，把阳台变成菜园，甚至漂洋过海，把菜园搬进耶鲁大学的校园——一些陪孩子读书的中国夫妇硬是把校园中的荒草地开成了菜园。我们在肯尼亚旅行的时候，一看见整齐的菜园，就知道有同胞在附近工作或生活。果不其然，路过菜园不久，就能看见写着熟悉方块字的条幅和标牌。

如今，中国人在四周都是茫茫戈壁的吐鲁番绿洲中种出了蔬菜，在海拔 5000 米的青藏高原上种出了蔬菜，在四周都是冰原的南极科考站中种出了蔬菜。更夸张的是，中国人已经不再满足于在地球上种菜，2019 年 1 月，嫦娥四号月球探测器降落在月球背面。在嫦娥四号小小的登月舱里装着一个迷你菜园，里面有马铃薯、油菜和酵母等生物样本，中国人实现了人类首次月面的生物生长培育实验。

中国人喜欢种菜，也被种出来的菜改变着。我们的食物组成、我们的烹饪方法乃至我们的文化都受到蔬菜的巨大影响。如果说水果是中国历史的见证者和记录者，那么蔬菜就有资格说是中国历史的影响者。

中国人为什么爱种菜？

在《中国食物：水果史话》中，我将"中国人爱种粮食和蔬菜"定义为"古代中国水果匮乏"的原因之一。这引起了很多朋友的好奇，种植蔬菜与种植水果真的是不可共存的吗？

如果我们观察西方的农业发展史，就会发现蔬菜种植和水果种植之间并不存在矛盾。毕竟欧洲的园艺学家不仅培育出了卷心菜、西兰花和罗马菜花，同时也培育出了各种各样的蓝莓和树莓，还把猕猴桃变成了世界上最年轻的水果，甚至把大黄属的多种植物鼓捣成了兼具蔬菜和水果功能的特殊食材。

而古代中国的农学家，似乎更在意菜园里辛香的韭菜以及可以大量储存的大白菜和大萝卜，至于桃、李、梅、杏、荔枝和龙眼等水果，从来不是他们关心的大宗农产品，充其量也只是应季果品，或者干脆是可有可无的调味品（如梅子）。

毫无疑问，种菜这件事不仅影响了中国人的口味和获取营养的方式，影响了中国人餐桌的模样，影响了中国人的烹饪方法（如产生了各大菜系），影响了中国人在生存空间上的拓展，也影响了中国人诗词歌赋的创作。在中国，吃菜和种菜，绝对不是一件简单填饱肚子的事情。

究竟是什么原因，让古代中国人毅然决然把智慧和劳力用在了种菜上？中国式种菜与西方式种菜又有什么不同？中国人为何痴迷于种菜？这些都是特别值得探讨的问题。

是不是因为传统的中国蔬菜具有独特的营养价值，让人离不开这些农作物？是不是因为中国的蔬菜有特殊的口感，让我们喜欢啃菜叶子？是不是中国原产蔬菜特别多，以至影响了中国人的口味？究竟是什么驱动了中国人执着于种菜？

在本书中，我将梳理自夏商周时期以来中国蔬菜的发展脉络，探寻蔬菜背后隐藏的力量。从中国蔬菜的种植历史中，发掘和认识中国人利用、开发自然资源，并与自然和谐共存的秘密和伟大历程。

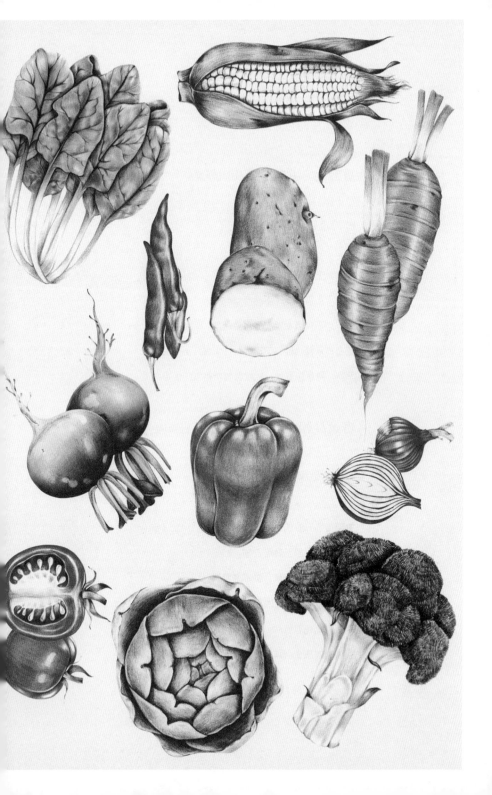

目 录

I

夏商周

一

井田种粮
山间野菜

中国蔬菜的起源与认知

对于蔬菜的记载，最早出现在中国古代农事历书《夏小正》之中，其中记录了韭、芸（芸薹）、瓜（甜瓜）、堇、蘩（fán）、藏（zhī）、卵蒜这七种可以充当蔬菜的植物，仅此而已。这与我们想象中的中国人自古以来就爱吃菜的传统一点儿都不相符。那么，中国人吃菜的传统，究竟是从什么时候开始的？让我们回到那个时代，通过观察一个农夫的餐食来开启认知吧。

井田制下无菜园

　　我们都知道"烽火戏诸侯"的故事。它讲的是西周亡国之君周幽王为了博宠姬褒姒一笑，命人点燃了烽火。诸侯不敢怠慢，见狼烟而动，迅速集结，结果发现被人当猴耍了，只能悻悻离去。这样的事发生了好几次，让各路诸侯大为不满。结果，在周幽王因真正需要勤王之师而点燃烽火台的时候，诸侯一个都没有来。

　　这则故事出自《史记·周本纪》，很多人曾认为它是导致西周灭亡的导火索。但有史学家认为它可能与史实并不相符。不管它是否属实，我们可以确定的是，周王朝的没落，与生产力的发展有着非常密切的联系。

井田制的特点

我们都知道，要想维持一个王朝的统治，充足的赋税是一个必要的条件。在古代中国，从商周到明清，农业生产一直都是最重要的经济活动，也是最主要的赋税来源。每个朝代都有相应的征收赋税的方式。在商周时期，井田制既是基本的生产关系，也是制定赋税制度的基础。

《孟子·滕文公上》对井田制有过解释："方里而井，井九百亩，其中为公田。八家皆私百亩，同养公田。"大致的意思是：耕地被划分成公田和私田，一块公田居中，周围围绕着 8 块私田，排列成"井"字形，因而有"井田"的称谓。所有农夫都要到公田劳作，公田出产的粮食归天子所有，这就相当于缴纳了赋税。在忙完公田的工作之后，才可以耕种自己的私田，获得养家糊口的粮食。

但有很多学者认为，如此方方正正的大规模田地实在不好找，尤其是考虑到当时的耕地大多集中在河流附近，想要找到大量方正的耕地更是艰难。所以，"井"字形田地很可能只是一种便于解释的、理想化的分配模型而已。

生产力低下的耕种方式

那么，为什么当时的农民不去开垦更多土地、种植更多农作物，那样不就可以吃饱喝足，甚至积累大量的财富吗？其实，每一个农民应该都想这样做。但是别忘了，在农耕文明初期，生产条件原始落后，在青铜制工具尚未被大规模使用，仍依赖木制和石制工具的状态下，开垦荒地是多么困难的任务。

要想获得足够的粮食，只有两个途径：一是集中人力协同耕作，二是选择那些容易耕种的土地。但是对普通农夫来说，这两件事他们都没有选择的权力。

人力集中劳作的场景，在展现古代生产场景的画作中有很多：众人排成一排，用农具来翻田和平整土地。涉及农具的汉字大都有一个共同的偏旁——"耒"（lěi）。

耒是一种用于耕种的尖头木棒，使用的时候将尖头插入土中，翻动土块。后来的农具可以说都是在这个基础上发展而来的，比如加了尖头铲用于翻地的耜（sì），加了齿用于平整土地的耙（pá），加了连枷用于脱粒的耞（jiā），等等，都是如此。毫无疑问，耒就是所有农具的"祖先"。

我小时候特别喜欢去找将要从土里爬出来的知了猴（金蝉的俗称），不过用树枝挖土是非常困难的，如果换成小铁铲就会轻松很多。使用原始农具的种植者当然也会碰上这样的问题，但是深翻土壤又是一件必须做的事情，这不仅可以促进作物扎根，也可以将表层杂草的种子埋到土壤深处，抑制它们发芽。

为了解决工具受限条件下的翻土问题，农夫们就只能并肩

《御制耕织图》以古代江南地区的农村生产为主题，描绘了粮食生产从浸种到入仓、蚕桑生产从浴蚕到剪帛的操作过程。每幅图都分别配有康熙御题的七言诗，由焦秉贞绘制。这两幅图分别描绘了耕地和浸种的过程

作战了。因为几个人同时将耒耜的末端插入土中，可以翻动更大的土块，从而提高生产效率。实际上，直到19世纪末，巴布亚新几内亚的农夫仍在使用类似于耒的工具"乌迪亚"进行耕种，三人排成一排并肩行进翻土。同样的生产场景也发生在伊拉克：三人用铁铲并肩协作翻土，尽可能地深翻土壤。

在古代，由于缺乏有效的灌溉系统和施肥技术，一块耕地的基础条件就决定了这块地的农作物产量。那些靠近河流的土地，既灌溉方便，又有洪水带来的充足营养，自然是耕地的首选。

在井田制施行初期，分配可能相对公平，公田与私田都有不

堇

周原膴膴，堇荼如饴。爰始爰谋，爰契我龟，曰止曰时，筑室于兹。

——《诗经·大雅·绵》

错的产出，而贵族也满足于所收取的赋税。后来，贵族为了获得更高的收益，慢慢地把上等耕地都划为公田。公田和私田逐渐分布在不同的区域。

到春秋时期，铁制农具推广之后，以家庭为单位的土地开垦的效率和积极性都提高了，曾经是下等耕地的私田粮食产量得以大大增加。于是，农夫自然会将更多精力放在自己的私田上，以致肥沃的公田变得荒芜。这样一来，小农经济就导致了井田制崩溃。

最早的蔬菜是野菜

在井田制的条件下，囿于当时原始的农耕技术，生产力低下，粮食产量不足，人们自然会把更多精力放在填饱肚子这件事情上，相对于营养均衡地"吃好"，如何不让肚皮抗议地"吃饱"才是首先要解决的问题！因此，当时的人们更关注粮食作物的产出，对蔬菜反而没有那么关注。

还好当时地广人稀，相比种植蔬菜，从自然界直接采食野菜是更为有效的方法。在《夏小正》记录的蔬菜中，蘩、堇、蕍和卵蒜就是典型的野菜。

蘩是今天所说的繁缕，石竹科繁缕属植物。它在国内分布很广，大江南北都有。每年春夏时节，繁缕的花朵就会绽放。每次户外活动，我特别喜欢做的一件事儿，就是让小朋友去数繁缕有几片花瓣。通常来说，我得到的答案都是十瓣，那就错了。一朵繁缕小花只有五片花瓣，只不过每片花瓣都会在发育过程中裂开，于是变成了十瓣的样子，因而繁缕也被称为"假十瓣"。今天我们早就不吃这些小草了，因为它们的味道实在不怎么样。

至于堇，其实也是很多种植物的统称，它们都属于堇菜科堇菜属。常见的紫花地丁和早开堇菜就是这个家族的成员。虽然花朵的个头和颜色都存在极大差别，但是堇菜属植物有一个共同的特征，那就是它们都有一片特别的花瓣会拖着一条空心的"小尾巴"——花瓣距，里面藏着堇菜属植物的花蜜。虽然花蜜被藏起来，但昆虫仍能很快找到它。因为所有堇菜的花瓣上都有猫胡子一样的条纹，这些条纹是引导昆虫找到花蜜的"指路牌"。这种能引路的标志被称为蜜导，是植物界中广泛存在的信号标志。比如各种堇菜花瓣上的条纹、百合花瓣上的斑点，还有鸢尾花上的黄斑等，都是蜜导。这也是动植物在进化过程中一种奇妙的默契。

蘵就是今天所说的龙葵。龙葵的分布很广，它的植株和花朵都与辣椒有几分相仿。这类植物有很多俗名，比如"野葡萄""黑天天""天天茄"等。这些名字都来源于它们的果实。不过，龙葵的果实不是什么时候都能吃的。千万不要吃绿色的龙葵果实，要不嘴唇、舌头都会发麻。只有变成深紫色，变软了，龙葵果实才是安全可口的。这种深紫色的果实中充盈着紫色的汁水，咬开果子，一种混合着辣椒、番茄、青草等诸多复杂味道的甜味就会在嘴里弥散开来。果子里还有一些芝麻粒一样的种子，只是这些种子要比芝麻粒硬多了。

少花龙葵产自云南、广西、广东、湖南、江西、台湾等地的溪边、密林阴湿处或林边荒地。叶可供蔬食

不过，《夏小正》中将龙葵记录成蔬菜，并不是因为其果实，而是因为它的嫩茎叶。直到今天，中国南方的很多地方仍然把龙葵嫩叶当作重要的蔬菜。但是，吃它的时候一定要小心，因为它含有龙葵碱（就是发芽的马铃薯中含有的毒素）。龙葵碱是一种糖苷生物碱，毒性凶猛，对胃肠道黏膜有刺激性和腐蚀性，对呼吸和运动中枢神经有麻痹作用，可引起脑水肿、肠胃炎，伴随呕吐、腹泻、呼吸困难等症状，严重时甚至可能危及生命。当摄入的食物中龙葵碱含量达 20 毫克的时候，就会引起中毒反应。但是，因龙葵碱中毒死亡的病例并不常见，因为这种物质达到足以使人中毒的程度时，我们就能感受到明显的苦味。

卵蒜不是今天我们吃的大蒜，而是一种被称作薤（xiè）白的东西。若论长相，薤白绝对是葱和蒜的混合体。中空的叶子非常像葱，不过管状叶子上是有棱的，很容易与正宗的、圆乎乎的葱叶区分开。至于膨大的鳞茎就有几分像大蒜了。薤白与大蒜最大的区别就是不会分瓣。薤白有一个重要的特征，就是花序上会产生珠芽。在薤白的花序上，小花的基部会有很多紫色的小圆球，那就是珠芽。它们并不是由花朵形成的，而是一种小鳞茎，承担着另一项任务——营养繁殖。珠芽在功能上类似于种子，当珠芽发育成熟，就会从植株上脱落下来，到了条件合适的地方，就会长成完整的植物体。

薤白有一个"亲戚"，那就是薤，也叫藠（jiào）头，但它们是完全不同的两种植物。单论相貌，薤白和薤没有太大区别，都长着中空、具棱的叶片，还有像蒜一样的鳞茎和紫色小花，以至于我们经常会混淆这两种植物，但两者的差别也是存在的。比

这是一幅画于 1847 年的博物学插画，被命名为薤头（*Allium Chinese*）。但从其单一鳞茎来看，
画中的植物更像是长梗韭（*Allium neriniflorum*）

如薤白会产生珠芽，而薤不会。另外，薤白的天然分布区域远远大于薤，全国除了新疆和青海，其他地区都有薤白分布，不管是南方还是北方，在初夏时节山地阴湿区域都很容易发现薤白。薤则主要生长在长江流域及其以南地区。所以，考虑到《夏小正》成书的时间和地点（黄河中下游区域），卵蒜更可能是薤白。

为什么蘩和堇这些味道不怎么样的植物，能成为我国古代农书中记载的重要植物？想来应该有两点原因：一是这些植物的分布区够广，人们对它们的采集行为极普遍；二是这些植物有明显的特征，蘩缕的"假十瓣"、堇菜的"猫脸小花"都是异常明显而准确的可识别特征，可以大大降低识别错误带来的风险。毕竟，在自然界中吃错植物是很凶险的事情。再加上人类认识自然的渐进性，蘩和堇成为最早被记录的蔬菜也就不奇怪了。

韭菜：
上得庙堂，下得厅堂

二之日凿冰冲冲，三之日纳于凌阴。四之日其蚤，献羔祭韭。九月肃霜，十月涤场。朋酒斯飨，
曰杀羔羊。跻彼公堂，称彼兕觥，万寿无疆。

——《诗经·豳风·七月》

强大的生命力，独特的味道

韭菜是我国土生土长的蔬菜，在中国的地位一直很高，在《夏小正》中也是首先被描述的植物，古人甚至还有以韭菜祭祀的"祭韭"行为。这种带有特殊辛辣滋味的石蒜科植物之所以受人推崇，大概源于两个特征：一是越割越多，甚至得了个"懒人菜"的诨号，象征了强大的生命力；二是韭菜的香气浓郁，在崇尚香气的时代，韭菜毫无疑问是最好的祭祀用品。

韭菜为什么会越割越多呢？很简单，因为韭菜有一个强大的宿根，而且它们的芽还有不断萌发、生长的能力。其实，这也是韭菜在野外生存的"秘籍"之一——韭菜被动物啃掉叶片之后，随时会"补充"新的叶片，保证自己总能晒太阳，有造食物的"工厂"。这种特征自然也受到了古人的欢迎，因为他们不仅可以持续获得蔬菜，更重要的是，人们还希望通过食用韭菜获得其强大的生命力。

不过，韭菜不断长出新叶片终归是要耗费其宝贵的能量的，为了预防动物来啃食，韭菜就准备了特殊的"化学武器"。

韭菜的化学武器就是含硫化合物。这些化合物的名字很复杂，比如二甲基二硫醚、丙烯基二硫醚等。韭菜那特殊的辛辣香味就是因为它们的存在。这些有辛辣味的物质将来很有希望成为新的生物农药，一方面可以防止真菌来捣乱，一方面还能驱赶啃食蔬

图中左侧为熊蒜（*Allium ursinum*），右侧为黑葱（*Allium nigrum*）。熊蒜也叫野韭菜，味道
似韭菜，但气味不如韭菜强烈

果的害虫。

正是因为韭菜的特殊味
道，很多人都会避免吃韭菜，
因为吃过韭菜后，口腔中残
留的气味着实会让人不好意
思。要想去除这个味道，最
有效的方法就是刷牙，如果
没有这个条件，那嚼点茶叶、
喝点牛奶都是有效的，但这
些方法只适用于少量进食韭
菜者。如果韭菜饺子吃多了，
打出的嗝都带韭菜味，那神
仙也救不了你。韭菜鸡蛋水
饺是我的最爱，不过在一切
重要活动之前，我还是能够
克制自己的，不会因为贪嘴坏了大事。

韭菜

然而，韭菜的这种气味，也许是它们成为标准蔬菜的重要原
因之一。

对于中国蔬菜而言，商周时代是一个特别奇异的时代，因为
那个时候蔬菜还没有正式的名分，它们要么像韭菜一样，是重要
的香辛料，要么像蘩、堇、藕和卵蒜等只是野菜。除了采集和食
用容易辨识的野菜，聪明的中国农夫还把一些本来充当器具的植
物变成了蔬菜，这里面最典型的就是葫芦。

葫芦：
不仅当水瓢，还可变蔬菜

匏（páo）有苦叶，济有深涉。深则厉，浅则揭。

——《诗经·邶风·匏有苦叶》

不仅是水瓢原料

我们对葫芦的最初认识，是从它们的常用身份——容器开始的。神话故事《八仙过海》中，铁拐李用大葫芦漂洋过海；小说《水浒传》中，梁山好汉用葫芦装酒、饮酒；在许多农村家里，也会用葫芦瓢舀面、装水。山西还有句俗话叫"缴枪不缴醋壶"，其中的"醋壶"，大多也是用葫芦制作的。在很长一段时间里，我都认为葫芦就是为容器而生的。直到后来偶遇了用葫芦做的菜肴，这才知道，原来葫芦也是可以做菜的。

葫芦在中国的栽培历史相当悠久，早在2500多年前，人工栽培的葫芦就已经是房前屋后的"常客"了。不过，虽然中国有数千年的葫芦栽培和食用历史，但华夏大地上并没有野生葫芦分布，于是中国葫芦究竟从何而来，也成了个不大不小的谜题。有科学家认为，葫芦的老家在非洲热带地区，但真实性有待考证。

从植物学的角度讲，我国的葫芦可以分为5个变种，包括瓠（hù）子、长颈葫芦、大葫芦、细腰葫芦和观赏葫芦。根据形态差异，我们又可以把葫芦分为4个种类：瓠瓜（圆柱形）、长颈葫芦（果柄处细长）、大葫芦（扁圆形）和细腰葫芦（果实分两段，是传统意义上的葫芦）。

真正成为我们食材的葫芦是瓠瓜，或者叫瓠子。虽说瓠瓜仿佛是冬瓜和西葫芦的混合体，但它真的是葫芦，只不过瓠瓜圆筒

形的身材并不符合我们对葫芦传统意义上的认识。瓠瓜因为好种、好收，在很久之前就成为我国农户看重的蔬菜。

在中国，瓠瓜的食用历史可以追溯到新石器时代。《诗经》中就有这样的记载："七月食瓜，八月断壶。"这里的"断壶"就是指摘瓠瓜。《管子》和《汉书》上也有种植瓠瓜的记录。东汉典籍《释名》中还有这样的记载："瓠蓄，皮瓠以为脯，蓄积以待冬月时用之也。"由此可见，葫芦条的做法已经有很久的历史了。

除了瓠瓜，我们还能吃到的就是"脖子"比较长的长颈葫芦、呈扁球状的大葫芦，以及长相标准的细腰葫芦了。当然，这三种葫芦等到老了之后，都可以化身为容器，盛醋、舀水皆可。

至于观赏葫芦，个头通常不超过10厘米，果肉也薄，这样的葫芦上不了餐桌，作为手边把玩的器物倒是物尽其用了。

苦味的危险分子

瓠瓜其实是以水分为主的，有95.3%都是水，其脂肪、蛋白质和碳水化合物的含量都比较低。虽然瓠瓜的营养物质含量较低，但它作为一种能健康补水的食物还是不错的。而且值得注意的是，葫芦中的呈味酸含量不少，我们吃到的鲜味就来源于此。当然，如果吃到苦味的瓠瓜，那就要当心了。

苦瓠瓜就是出现问题的瓠瓜。其实，在自然状态下，瓠瓜发苦才是正常状态，出现在人类餐桌上的甜瓠瓜才是"畸形"个体。而瓠瓜发苦是因为在栽种过程中出现变异，重新带上了苦味。

冬瓜俗称葫芦瓜，是葫芦科冬瓜属
草本植物，其果实是中国各地常见
的蔬菜，此外也可经过加工制成各
种糖果。在中国南方，尤其是广东
和广西，栽培有节瓜，为冬瓜的变种，
是夏季餐桌上的"常客"

　　瓠瓜的苦味来自其中的葫芦素。葫芦素在植物界非常常见，现在能科学分离出葫芦素的植物有 14 种，我们通常碰到的苦味黄瓜、苦味甜瓜，其苦味都来自其所含的葫芦素。如果只是少量摄入葫芦素，倒也不会给我们带来什么问题，但是如果稍稍过量，就会引发恶心、呕吐等胃肠道反应，以及头晕等症状。摄入量大时，还会引发呼吸系统和循环系统衰竭，甚至导致死亡。所以，碰上苦味的瓠瓜时，为了自己的安全着想，就不要硬吃了。

　　其实，苦味一直都不是友善的味道，它通常意味着有毒或者强刺激性等对身体有危害的物质的存在。在长期的进化过程中，人体对苦味的判别能力也比对酸、甜、咸等味道要强得多。一般人对甜味（来自蔗糖）的识别能力为 0.5%，对苦味（来自奎宁）的识别能力却是 0.0016%，也就是说，一般人能分辨出 1 升水中溶解 5 克糖的甜味，1 升水中溶解 0.016 克奎宁的苦味。有些"超级味觉者"，甚至可以辨别出一杯水中以分子计数的苦味物质。虽然我们经常把"良药苦口"挂在嘴边，但真要碰到反常的苦味食物，还是躲远点为妙。

　　除了葫芦这种被人类有意培养成蔬菜的植物，还有一些植物因为意外事件，放弃了自己的"本职工作"，转而加入了蔬菜的队伍。

西葫芦是葫芦科南瓜属草本植物，中国自清代开始从欧洲引入，现在各地均有栽培。其果实是中国人餐桌上常见的蔬菜

茭白：
从粮食处"下岗"，在菜摊儿上"复工"

茭白这种蔬菜，长相实在奇特。它们既像瓜，又像笋，一根根长得白白胖胖，头顶上还有残余的绿叶子。不过，这东西既不是瓜，也不是笋，而是一种"染病"的植物茎秆。别担心，这种"感染"不会影响人体健康，反而会给我们带来美味。而且大家不知道的是，在商周时期，这种植物曾是重要的粮食作物，直到后来才"跳槽"进入蔬菜行列。

被抛弃的粮食作物

要说茭白，我们必须先来说说"菰"（gū）。对大多数人来说，"菰"是个生僻字，至于它究竟是什么，那就更是难题了。但如果提起茭白，很多南方的朋友都不会陌生。其实茭白就是菰的膨大茎，并且是畸形的茎。

如果在植物性食物的圈子里论资排辈，菰绝对算得上"一号人物"。这种禾本科菰属植物，在当年可是能与"五谷"平起平坐的粮食作物。在采集时代和农耕时代初期，菰的籽粒——菰米（雕胡米）一度作为重要的粮食出现在人们的餐桌上。在《周礼》等古代典籍中，古人甚至曾将菰列为与稻、黍、稷、麦、菽"五谷"并列的第六谷。

同众多禾本科植物一样，菰的外形并不起眼。这种长在水田里的植物就像是丛生的水稻，只是叶子比水稻的更长、更密集。它遍布大江南北，黑龙江、吉林、辽宁、内蒙古、河北、甘肃、陕西、四川、湖北、湖南、江西、福建、广东、台湾等多地的水田和沼泽中都可能看到它的身影。

既然菰有如此悠久的历史，而且如今分布范围也很广，那为什么我们现在很少听到它的名字呢？

实际上，禾本科植物都有富含淀粉的种子。只是有些种类的种子太难采集，如泡在水里生长的非洲野生稻；有些种子又太小，

水生菰是禾本科菰属植物，一年生，不具根状茎。谷粒细长，食用价值不如同属的菰和沼生菰（其颖果被作为谷类营养品食用）

如芦苇的种子；有些种子又不能定时采集，如竹子的种子。相对来说，菰米还是比较容易采收和利用的籽粒。并且，菰是多年生植物，只要种上，就能像果树那样，在很长一段时间里为我们提供粮食。

只是，菰米的产量远不能跟稻米相比。再加上菰的花期长，种子成熟期不一致，而且种子一成熟就从穗子上脱落，不方便采集，于是后来就被人慢慢疏远了。不过，菰被"主流粮食作物团队"抛弃之后，很快就在菜摊儿上找到了新"岗位"——那些被菰黑粉菌寄生的栽培菰，以蔬菜的身份重出江湖了。

因祸得福的蔬菜

一些栽培菰的根茎，因为被真菌寄生而变得畸形，长成了笋子一样的蔬菜，那就是茭白。并不是所有的栽培菰都能长成茭白，那些没有被"感染"的栽培菰，茎秆维持原始状态，因而被称为雄茭。

通常，我们认为植物同微生物是你死我活的关系，比如青霉会让橘柑腐烂，黄曲霉让花生带毒，酵母让苹果烂兮兮。但有些微生物和植物还是能和平共处，各取所需的。

自然界中，最典型的植物和微生物共生的情况，就是豆科植物与根瘤菌、兰科植物与共生真菌。在这两起典型的寄生事件中，都是植物"房东"占主导地位，并特意为微生物辟出了"房间"，供这些肉眼不可见的微生物居住。当然，微生物"房客"也不是白住的，它们会为"房东"服务。豆科植物的根瘤菌，会把空气中的氮气变成植物需要的肥料；兰科植物的共生真菌，可以帮助植物吸收水分和矿物质。你如果看过兰科植物的根系，就能明白共生真菌的奥妙——那些根都是光秃秃的，没有一丝根毛，因为真菌彻底代替了根毛。这就是自然界典型的共生关系。

当然，菰黑粉菌和菰之间没有这么和平，被菰黑粉菌寄生的菰就不能再结种子了。另外，菰黑粉菌会分泌一些化学物质来刺激菰的茎秆膨大。要知道，正常菰的茎秆就像水稻的茎秆一般粗细，再粗也不过像平常的筷子，但是膨大后的茎秆宽度已经赶得上擀面杖了。菰黑粉菌这样做，在很大程度上拓展了自己的生存空间，等菰的生长期结束，它就会释放出很多菰黑粉菌孢子去寄生于新的植物。

其实，栽培菰已经完全丧失了结种子的能力，就算是没有被菰黑粉菌侵染的栽培菰也只开花不结果，更不用说那些被侵染的菰了——它们连花都开不了，因为营养都被用在茎秆的生长上了。

没有种子，繁殖就成了一个大问题。不用着急，茭白可以用"分身大法"——只要把采收完茭白的菰根收集起来，分拣之后再种到田里，下一个季节就又能收获茭白了。

不管怎样，茭白都是很好的蔬菜，特别是新鲜茭白中含有的大量糖和氨基酸，使得茭白有一种特有的鲜甜滋味。把茭白切片，加蒜瓣清炒或者配肉片炒都是一道美味。于是，被粮食家族"驱逐"的菰，又在蔬菜家族中找到了自己的一席之地。

与此同时，菰的茎叶还是优良的饲料，喂牛、喂马都很合适。此外，它们对沼泽生态也有重要作用：一来为鱼类提供了越冬的庇护所，二来还可以稳固堤岸。曾作为"六谷"之一的菰，在今

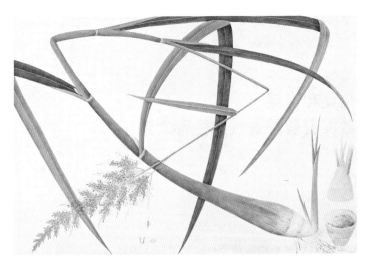

茭白

天还在继续发挥着作用。

　　在食物匮乏的西周时期，不管是葫芦还是茭白，都是为应急而存在的菜蔬。随着生产工具的革新和生产力的发展，井田制最终走向了崩溃，随之而来的是赋税制度的变革，加上人口的增加和战争的需要，这个时候蔬菜就成了越来越重要的食品补充。在下一章中，我将带大家一起去探索在诸侯争霸的年代，有哪些蔬菜走上了历史舞台。

腌菜和泡菜：
散发着智慧香气的生存之道

霜降时节是很多蔬菜休眠的时节。不过，这也正是做腌菜的好时节，全国各地的人都忙了起来：东北的朋友忙着腌大白菜，江南的朋友在把雪里蕻变成霉干菜，四川的朋友按部就班地把萝卜、辣椒和豇豆塞进泡菜坛子。

腌菜和泡菜在吸饱了时间的香气之后，散发出诱人的滋味。经过两三个月的腌制之后，酸菜将成为春节餐桌上的一道美味。不管是酸菜汆白肉，还是霉干菜扣肉，抑或是泡菜炒鸡杂，都会把那些被大鱼大肉"麻痹"的味蕾重新推向兴奋点。

但是近些年来，关于腌菜和泡菜的争论也不曾停止。有人认为，腌菜和泡菜不能多吃，因为它们含有大量的亚硝酸盐，会对健康造成伤害。

腌菜、泡菜里究竟有没有亚硝酸盐，会不会给我们的健康带来风险？中国人为何执着于制作腌制的蔬菜？腌菜和泡菜吸引人的特殊风味究竟从何而来？我们不妨翻一翻腌泡菜的坛子，去追寻一下这种古老技艺的前世今生。

腌制蔬菜的历史

毫无疑问，腌制蔬菜的出现，与中国独特的地理位置和气候条件有着密切关系。四季分明的季风气候，不仅让我们感受到春华秋实的喜悦和激动，更促使我们的祖先开动脑筋，为漫长的冬季准备充足的食物。

从商周时期开始，利用腌制和发酵技术来储存蔬菜，就成了中国人重要的生活技能。《周礼》中记载了"七菹（zū）"，也就是七种腌菜，包括韭菹、菁菹、茆菹、葵菹、芹菹、菭菹、笋菹。所谓"菹"，就是在蔬菜中加盐进行发酵腌制。

到了魏晋南北朝，可用于腌制的蔬菜种类就更丰富了。《齐民要术》中记载了 20 多种腌制蔬菜的方法，并且将其分为"咸菹"和"淡菹"两种截然不同的腌制方法。咸菹，就是加入大量盐以使蔬菜脱水，并且抑制细菌生长，与今天我们吃的咸菜和榨菜类似，葵菜、菘菜、蔓菁和蜀芥是当时主要的咸菹对象。淡菹，则类似于今天见到的东北酸菜，在腌制的过程中不会加入很多盐，而是加入粥清、干麦饭、酒曲、酒糟等，以促进乳酸菌的生长，蔓菁和蜀芥是主要的淡菹对象。这么看来，在南北朝时期，就已经出现我们今天吃的腌菜的雏形了。

值得注意的是，当时已经出现了混合腌菜，比如用苦笋和紫菜混合腌制的苦笋紫菜菹，还有用胡芹和小蒜混合而成的胡芹小蒜菹。而且，当时的人就已经会在腌制蔬菜中添加多种香料，比如葱、蒜、芥子、胡芫、胡芹子、花椒、生姜、橘皮，以及酱、醋、豉等。

后来，中国各地的腌制蔬菜随着时间的推移发生了一些变化，并且吸纳了辣椒这样的外来蔬菜。但是，腌制蔬菜的基本形态在1400多年的时间里几乎没有变过。

常见的泡菜原料

有趣的是，今天市场上能见到的蔬菜种类让人眼花缭乱，还不断有新品种出现，但是腌菜缸里的蔬菜种类却一直都很稳定。常见的泡菜原料包括以下几个家族的成员。

大白菜、卷心菜、雪里蕻、大叶芥菜和萝卜等，都属于十字花科下属的3个物种——大白菜、芥菜和萝卜。霉干菜的原料雪里蕻、云南傣味腌菜的原料大叶芥、榨菜的原料茎瘤芥，以及四川泡菜所用的儿菜，实际上都属于芥菜家族，只不过雪里蕻和大叶芥偏重于吃叶子，茎瘤芥偏重于吃茎，儿菜则是专门吃芽。除了这些我们熟悉的十字花科的植物原料，还有一种不常见的，那就是蔓菁。论辈分，这种长相类似于萝卜和球茎甘蓝的蔬菜，还是大白菜的祖先，不过在萝卜和马铃薯被推广之后，蔓菁就只出现在某些特定的腌制大头菜中了。

石蒜科家族的典型代表包括大蒜、薤头和韭菜花。其中，大蒜并非原产于中原地区，而是在西汉时期才传入我国的，但是它们很快就融入了中国人的食谱，并且很快就加入了腌制蔬菜的队伍。能够分离的蒜瓣是大蒜的特征。至于薤头和韭菜，则都是原产于中原地区的蔬菜。《诗经》中就记载了当时人们用韭菜做祭品的行为。这种拥有辛香味、生长能力超强的蔬菜，一直在中国

欧洲国家食用泡菜的历史也颇为悠久。人们发现食用酸菜可以防治坏血病，因此酸菜成为航海人员的最佳"路菜"。欧洲人也喜欢在家自制泡菜，这幅油画就描画了厨房里的女仆正在制作泡菜的场景，作者是法国画家克劳德·约瑟夫·贝勒（Claude Joseph Bail，1862—1921 年）

的蔬菜界占据一席之地。至于薤头，则像是融合了葱和蒜的特征，外观模样像大蒜，但是内部的分层构造像葱头，所以它在很多地方被称为小蒜。

豆科的豇豆，也是泡菜的主力。长长的像绳子一样的豆荚，是它的识别特征。豇豆是为数不多的可以生吃的豆荚类蔬菜。在东南亚很多地方，人们都是把生豇豆切碎，凉拌后当小菜吃。腌制后的豇豆，是肉末酸豆角必不可少的原料。

伞形科的胡萝卜，是四川泡菜的主力成员。相比同一家族的香菜（中文正名芫荽，也叫胡荽），胡萝卜的气味堪称温和。在泡菜缸里，胡萝卜通常与卷心菜配合，以脆爽的口感取胜。

茄科的辣椒，也是泡菜新秀，它不仅以整根的形态出现在四川泡菜中，还以辣椒面（香辛料）的身份出现在各种芥菜类腌菜中，或者干脆作为鲜爽剁椒的主角。辣椒中含有具特殊辣味的辣椒素，以及可以使乳酸菌充分发酵的糖分，所以这种来自南美洲的果实成为中国腌菜不可或缺的成员。

长期保存的秘密

腌制蔬菜为什么能够长期储存？很多人首先想到的是，因为腌制的过程中加了盐，盐的渗透作用可以抑制各种微生物的生长，所以蔬菜得以长时间保存。但是，这种观点并不是泡菜缸里真实发生的事情。且不说使用了淡盐方式的东北酸菜，就是腌制霉干菜和榨菜时投放的食盐量，也不能完全抑制微生物生长。

实际上，要想长时间保存蔬菜，不仅不能抑制微生物的生长，反而需要微生物繁殖，其中酵母菌和乳酸菌更是不可缺少的。在传统腌制工艺中，利用的其实是蔬菜表面携带的乳酸菌。

乳酸菌不是一种微生物，而是一大类在代谢过程中会产生乳酸的微生物，包括乳杆菌属、肠球菌属、明串珠菌属和乳球菌属的成员。其中，腌制蔬菜中最常见的当属植物乳杆菌、干酪乳杆菌和玉米乳杆菌，泡菜缸、咸菜瓮就是它们表演的舞台。

虽然在不同的地区，不同的腌菜方法所利用的微生物会存在一些差异，但是基本的模式都是类似的。在投料初期，泡菜缸里不可避免地会有一些喜好氧气的有害细菌，但这些捣乱分子的狂欢很快就会结束，因为乳酸菌很快就会开始"工作"。首先出场的是肠膜明串珠菌肠膜亚种，它是启动整个发酵过程的领航员。随后，粪肠球菌、乳酸乳球菌乳酸亚种、玉米乳杆菌等就会出现并参与发酵，使泡菜水变得越来越酸。最后出场的是植物乳杆菌和干酪乳杆菌，在它们的努力下，泡菜缸里乳酸的浓度变得更高，这种高酸度的环境不仅抑制了其他微生物的生长，也抑制了乳酸菌的生长，泡菜的发酵过程到此停止。所以腌制好的泡菜可以保存相当长的时间。

香气的秘密

腌菜和泡菜的酸爽味道，来自乳酸菌发酵产生的乳酸，以及其他微生物产生的醋酸。相对于醋酸来说，乳酸的酸味更为柔和，刺激性也更弱一些。所以我们在吃酸菜的时候，虽然能感受到酸爽，但不会像喝老陈醋那样生猛。

19 世纪末的一幅罐装混合泡菜广告画

在乳酸、醋酸和乙醇长时间共存的条件下，它们还会相互作用，产生丙酸乙酯和乙酸乙酯，这是腌菜和泡菜中主要的酯类物质。这些带有花果香气的物质，本身就是很多植物的花朵和果实用来吸引动物的气味信号，被人类喜欢上也不是什么奇怪的事情。

除了酸味，腌菜和泡菜还有特别的鲜味，这种鲜味来自蛋白质发酵分解产生的氨基酸。虽然大白菜、萝卜、雪里蕻等蔬菜中的蛋白质含量比较低（0.6% ~ 0.9%），但就是这少量的蛋白质提供了重要的鲜味来源。谷氨酸和天冬氨酸是蛋白质分解的主要产物，为泡菜增加了特别的口味。

当然，酸菜的特殊滋味，不仅仅来源于乳酸菌和酵母菌，还来自蔬菜本身。以萝卜、大白菜和雪里蕻为代表的十字花科植物，以大蒜和藠头为代表的石蒜科葱蒜类植物，都有自己鲜明的气味特征。

十字花科植物几乎都含有一种异硫氰酸盐物质，这种物质在酶的作用下会分解产生独特的气味，例如我们闻到的萝卜味、芥末味等。

葱蒜类植物的特殊气味来自其中的蒜氨酸类物质。在腌制过程中，蒜氨酸在蒜氨酸酶的作用下，会分解产生各种有刺激性气味的化学物质，比如二甲基二硫醚和丙烯基二硫醚。这也为糖蒜、韭菜花等腌菜提供了独特的风味。

酸味物质、氨基酸和各种蔬菜所含的特别的挥发性物质，共同组成了腌制蔬菜的风味体系，这也是腌菜下饭的一个重要因素。

做鲊，为发酵加点料

被塞进泡菜缸的蔬菜，部位、形态、大小各不相同，它们之所以能够被腌制成酸菜，是因为它们有一个重要的共同特征：这些蔬菜中含有足够的糖分，包括蔗糖和葡萄糖等。乳酸菌就是利用这些糖类物质进行发酵，进而产生乳酸和相关的风味物质的。如果缺乏糖类物质，那么发酵就无法进行。

我清楚地记得，外婆在制作茄子鲊的时候，会往晒干的茄子条里拌入大量磨细的米粉，这其实就是为了给乳酸菌提供充足的糖类物质，以促进稳定的酸性环境形成。要想做好茄子鲊，就必须额外添加糖类物质。

这种做法被推而广之，进而应用到各种肉类的保存中。把处理好的鱼肉或者其他肉类，同煮熟的米粉压实放置在缸中，就可以得到特别的鲊了。这样不仅能长时间保存肉类，还能腌制出独特的香味。

可以说，腌制蔬菜的核心，就是围绕乳酸菌和糖展开的。糖类不够，米饭来凑，这也是中国人智慧的体现。

吃腌菜和泡菜安全吗？

腌菜和泡菜确实存在亚硝酸盐含量超标的风险，但只要腌菜和泡菜完全熟成，其所含的亚硝酸盐就会降到比较安全的水平。那么这种变化是如何产生的呢？

不管是大白菜、芥菜还是萝卜，体内都储存了大量的硝酸盐。这是因为植物在生长过程中，不管是合成蛋白质还是合成叶绿素，都需要氮元素，而土壤里的氮通常是以硝酸盐的形式存在的。

在腌制蔬菜时，储存在植物体内的硝酸盐会被微生物转化为亚硝酸盐。所以在腌制初期，泡菜缸里的亚硝酸盐含量会持续上升；到了腌制中后期，亚硝酸盐又会被乳酸菌逐渐分解，最终降低到能安全食用的水平。

当然，不同的蔬菜原料和腌制条件，对于亚硝酸盐含量的变化都有影响，所以一定要选择合格的产品，并且控制食用量。

腌菜中的救命菌

时至今日，随着设施栽培技术以及物流运输的发展，我们对腌菜的依赖程度越来越小，但是腌菜和泡菜中的微生物，却展现出了越来越重要的作用。

肠膜明串珠菌的荚膜物质葡聚糖，是生产代血浆的主要成分——右旋糖酐的原料，右旋糖酐具有维持血液渗透压和增加血容量的作用，在医疗上十分重要。在人为控制的情况下，利用蔗糖可以大量繁殖肠膜明串珠菌。毫不夸张地说，肠膜明串珠菌是泡菜缸里钻出来的救命菌。

与此同时，研究腌菜和泡菜中的微生物群落，对于我们理解微生物生态、帮助调节人体内部和体表的微生物环境，具有重要的借鉴意义。

我们的祖先在 2000 年前做菹的时候，肯定不会想到，小小的泡菜居然能改变人类的生活。泡菜缸里发酵的不仅仅是美味，更是人类智慧的结晶。

II

春秋战国

—

公田变私田
野蔬进菜园

野菜到家养的门槛

公元前356年，秦国的商鞅变法开始了，它以开阡陌、废井田，实行县制，奖励耕织和战斗，实行连坐之法等为核心的发展策略，影响了接下来中国两千年历史的走向。重农抑商和奖励耕织的措施，也决定了"种菜"这种行为被注入中国人的生活基因中，菜园子成为中国人的必备生活设施。这一切都为中国农耕文明的发展繁盛打下了基础。

中国传统农业的出现

　　在上一章，我们讨论了井田制的基本模式和运行规则——集中大量人力进行劳动，这是与当时落后的木制和石制工具相适应的生产模式。而井田制的崩溃，最根本的原因还是在于生产工具的变革。

铁制农具出现，公田变为私田

从春秋晚期开始，随着冶炼加工技术的发展，铁制农具开始出现在农田之中。到战国中期，铁制农具已经被广泛应用于农业生产当中。

铁制农具的加入以及畜力的使用，极大提高了农业生产效率，也让单个小家庭成为基本的生产单元。因为在翻动田土的时候，不再需要像之前那样三人协作翻整土地。

同时，商鞅变法还规定："民有二男以上不分异者，倍其赋。"这进一步强化了小农生产模式。通过赋税规则，国家迫使大家庭拆分成小家庭。自此之后，"你挑水来，我浇田；你织布来，我耕田"，就成为古代中国标准的农业生产模式。

但是，从春秋到战国，中国园蔬的种类并没有爆炸性的增加。那是因为，在那个时候仍然有大量野菜可以采集。

图中展示了古代农夫所使用的传统脱粒方式

薇：
寄托哀思，身份含糊

采薇采薇，薇亦作止。曰归曰归，岁亦莫止。靡室靡家，猃狁之故。不遑启居，猃狁之故。采薇采薇，薇亦柔止。曰归曰归，心亦忧止。忧心烈烈，载饥载渴。我戍未定，靡使归聘。采薇采薇，薇亦刚止。曰归曰归，岁亦阳止。王事靡盬，不遑启处。忧心孔疚，我行不来！

——《诗经·小雅·采薇》

蕨菜还是大野豌豆？

《小雅·采薇》是《诗经》中脍炙人口的名篇，诗句以一个戍卒的口吻描述了戍边征战生活的艰苦和强烈的思乡情绪。在以"采薇采薇，薇亦作止……采薇采薇，薇亦柔止……采薇采薇，薇亦刚止……"为起兴的诗句中寄托了无尽的思绪。那么，表现时光流逝的薇，究竟是什么植物呢？

对于这个问题，不同学者有不同认识。在有些区域，薇是一种紫萁科多年生草本蕨类植物的嫩叶柄，类似于我们今天熟悉的各种蕨菜。但是，在更广泛的区域，薇是一种叫大野豌豆（俗名大巢菜）的植物。当然，"大野豌豆"这个名字是后来才有的，毕竟在"采薇"的歌声飘荡开来的时代，豌豆还没有传入中国，自然也不可能有这个名称。

《说文解字》中这样定义"薇"："菜也，似藿。"陆玑在《毛诗草木鸟兽虫鱼疏》中提到："薇，山菜也。茎叶皆似小豆，蔓生。其味亦如小豆。藿可作羹，亦可生食。"且不说词句已经详细描述了薇的样子，单看"生食"这一项，就说明这里的"薇"肯定不是蕨菜。因为含有氰化物的蕨菜，是万万不可生吃的。

大野豌豆与豌豆的长相有些相仿，毕竟它们都是豆科家族的成员。像羽毛一样的叶子，小蝴蝶一样的花朵，都证明了它们的身份。每年春天，这些植物柔嫩的叶子就会在春风中摇曳。虽然

豌豆

大野豌豆的终极使命是成为牧草，但是，在青黄不接的春天，大野豌豆大都成为可以填饱肚子的野菜。

大野豌豆的分布范围很广，从华北地区到陕西、甘肃、河南、湖北、四川、云南等地都有分布。也正因如此，薇成为一种大众化的野菜，甚至成为必要的救命食物。

鲁迅先生在《故事新编》里写到，武王伐纣灭掉商朝、建立西周之后，商朝遗老伯夷和叔齐坚持不食周粟，逃到山上以薇为食。后来，他们碰到一个农妇，一番对话之后，这二位发现薇菜也是从周朝的土壤中长出来的。于是，伯夷和叔齐拒绝再吃薇菜，最后绝食而终。从这个故事中，我们也可以感受到薇菜在当时的普遍性。

除了大野豌豆，拥有"野豌豆"名号的植物还有很多，其中特别有名的是救荒野豌豆。无论是从植株上还是从花朵上看，救荒野豌豆与大野豌豆都非常相似。只不过，救荒野豌豆并非中原原生植物，而是原产于欧洲南部和亚洲西部。再者，救荒野豌豆的花和果都是有毒的，不能作为人类的食物。

荠菜：
只能当野菜，进不了菜园

行道迟迟，中心有违。不远伊迩，薄送我畿。谁谓荼苦？其甘如荠。宴尔新昏，如兄如弟。
——《诗经·邶风·谷风》

不是想种就能种

荠菜，算得上世界上分布最广的野菜之一，全球的温带地区都有它的身影。不过，让它在餐桌上发扬光大的，还是华夏之人。荠菜不仅是美味的标志，还是回归田园的一种象征。我们也可以把荠菜的味道称为怀旧的味道。

大约在 3000 年前，我们的祖先就已经开始琢磨吃荠菜——这种春天的野菜了。在《诗经·邶风·谷风》中就有"谁谓荼苦？其甘如荠"的记载，而《楚辞》中也有"故荼荠不同亩兮"的词句。不仅如此，在汉代，人们一度尝试将荠菜驯化为家常菜，但遗憾的是，这种菜蔬并不如它的兄弟芸薹那般配合。后者成就了白菜、油菜的霸业，而前者又退回到了山茅野菜的行列之中。究其原因，都是因为荠菜并不是很好伺候。

首先，荠菜的种子太小了，每 1000 粒荠菜种子的重量只有 0.09 ~ 0.12 克，说它细如沙尘一点儿都不为过，因此收集起来就是个麻烦事儿。种子小导致的另一个问题就是苗实在太瘦弱，要想高产，土壤不能湿，浇水还不能急。在如今的年代，我们可以用喷灌、滴灌等先进技术解决这个问题，而古人只能用洒水壶轻柔地、慢慢地浇水，那是何等低效的劳动。另外，这些瘦弱的苗还可能混有其他杂草的苗，用锄头除草似乎不太行得通，只能徒手来拔，无形中又让工作量翻番了。

　　除了上述不利因素，荠菜还不是想种就能种的，因为荠菜的种子有休眠的特性。也就是说，新采收的荠菜种子一般处于休眠期，必须经过适当的低温处理（在 2 ~ 10℃的环境下放置 7 ~ 9 天），种子才能被唤醒。这是荠菜不能成为园蔬的重要原因。

　　不过，即使荠菜这么难伺候，还是有许多人对它趋之若鹜。

荠菜味儿让人着迷

　　荠菜越来越受人们的欢迎，归根结底，是因为荠菜味儿的特殊魔力。

　　那么，荠菜到底是什么味儿呢？这个问题还真难回答，那是一种结合了甜香和新鲜叶子香的特殊香气，就好像麦芽糖浆混上了新鲜的菠菜。

　　这种香气主要来自叶醇。叶醇是一种拥有特殊的天然绿叶清香的液体，在茶、刺槐、萝卜、草莓、葡萄柚等植物中都有发现。叶醇经常被添加到草莓香精、浆果香精、甜瓜香精、茶香精中，是香料行业的明星。

　　但是，荠菜的气味远没有如此单纯，作为十字花科的成员，荠菜还有特殊的硫化物的味道，尽管这种味道比芥菜、萝卜要淡许多，但已经足以打破叶醇营造的美好氛围了。不过可能也正因如此，荠菜才有了丰富的味道，得以吸引大量食客……

荠

野菜和园蔬的差别在哪里？

如今，在我们的日常生活中，蔬菜几乎是必不可少的食物。在漫长的历史中，人们对很多蔬菜进行采集、栽培、管理，让它们在菜园里生长，最终形成了园蔬；而那些生长在大自然，无人看管，任凭风吹雨打仍倔强生长的蔬菜，自然就是如今越来越受关注的野菜了。那么，是什么阻止了那些在大自然生长的野菜被人种植、成为园蔬呢？

野菜可能含有毒素

野菜中暗含着四大类毒素，它们是阻碍野菜家常化的大问题。

野菜的第一大武器就是生物碱，生物碱的种类繁多，作用也非常复杂。我们经常能碰到的是茄科植物（比如俗称"甜茄"的龙葵）中的龙葵碱，以及百合科植物（比如秋水仙属的秋水仙）中的秋水仙碱。

通常来说，这些生物碱没有特殊的苦涩味，偶尔给舌头带来

明代陶成在《蔬果写生图》描画的白菜

的麻味也很容易与花椒的麻味混淆，于是不经意间就被吃下肚了。直到出现恶心、呕吐、呼吸困难等症状，我们才发现中招了。龙葵碱会抑制中枢神经的活动，并且作用速度极快，如果不及时就医，很可能有生命危险。而秋水仙碱会影响细胞的分裂，严重的甚至会造成组织坏死。20 毫克龙葵碱就可以让人中毒；40 毫克秋水仙碱就能使一个重 50 千克的人死亡；更凶猛的是乌头碱，3 ~ 5 毫克就能取人性命。2010 年，新疆托里的 6 名工人把乌头误认为野芹菜加以食用，结果全都中毒身亡。

比起生物碱，氰化物也不是"善茬"。我们经常在蕨菜和野杏仁中遇到这种物质。相对于生物碱，氰化物通常有更强的迷惑性，它通常以糖苷的形态存在，这个时候它是没有毒性的。一旦进入人体的消化系统，糖苷就会经水解释放出氢氰酸，这种化学物质会抑制细胞的呼吸作用，导致人体"停工"。到这时，中毒症状就不可逆转了。50～100毫克氢氰酸就可以致人死亡，相当于二三十颗苦杏仁所含有的量。蕨菜中的氰化物同样凶猛，如果不进行适当的处理，一样会导致生命危险。

与生物碱和氰化物相比，木藜芦毒素要算是小众毒素了，它通常出现在杜鹃花科植物的花朵之中。在百花盛开的春季，大家很可能禁不住大朵杜鹃花的诱惑，旺火快炒，大快朵颐，结果就中招了。有意思的是，这种毒素在剂量小时会降低神经的兴奋性，而剂量大时又会提高神经的兴奋性。在食用过多时，它会导致抽搐、昏迷，甚至引起死亡。所以，品尝春天的滋味还是要适可而止。

至于酚类化合物，它出现的机会就比较少了，我们平常碰到的大多是漆酚和棉酚。如果哪天有人向你推销天然棉籽油，那你可要小心了，那些油中就含有棉酚，那可是会引发严重过敏反应的物质。这样的天然物质不要也罢。

简单来说，我们日常食用的常规栽培蔬菜，都是经过长期选育获得的安全品种。即使口味不佳，也必定是无毒的。

苦和粗的口感

有人说，野菜的口味好，又鲜又甜，比栽培蔬菜的味道更好。但是，你没觉得野菜大多是有苦味的吗？除了上面说的带毒性的苦味物质，植物中还有很多无毒或者毒性不大的苦味物质，比如萜类化合物（如葫芦素、柠檬苦素）、苦味肽（如大豆水解产物）、糖苷类物质（如茶多酚）等。这些物质存在的目的同样是驱散啃食植物的动物（包括人类）。像这样的野菜，尝鲜尚可，如果顶着苦味硬吃，那就不是明智的选择了，谁知道其中有没有致命的毒素呢。

除了有苦味物质，野菜更大的特点是富含植物纤维，这虽然可以补充纤维素，但是人们的牙口和消化系统就不一定喜欢了。所以，人们采集的野菜，通常只局限于幼嫩的茎叶，而这些部位通常又是植物防守最严密的地方，毒素、苦味物质齐聚。风险和收益如何权衡，就成了一个需要考虑的问题。

另外，为了去除野菜中的毒素，我们通常会用浸泡、焯水、长时间炖煮等手法来烹调。如此一来，菜味儿全无，只能在咀嚼时想象春天的味道了。

我有次做野外考察时，因为时间紧张，一个星期没有补给种植蔬菜，于是整整一周基本都是以各种野菜为食，包括薄荷、鱼腥草，以及顿顿都有的芋头叶子和红薯秧。等任务结束回到县城后，我就立刻把大白菜、小白菜、豌豆、豆角吃了个遍。

天然营养，看上去很美

那么，忍受苦味并冒着中毒的风险，来吃这些更接近"天然"的蔬菜到底值不值呢？它们的营养成分，真的比普通蔬菜高吗？

首先，我们要明确一下，人需要从蔬菜中获得什么样的营养。其实，我们的需求很简单，主要包括水分（蔬菜含水量通常在90%左右）、维生素A、维生素B、维生素C、各种矿物质（钙、钾、锌等），以及促进肠道健康的植物纤维素。看起来要补充的营养

败酱，败酱科植物。需要注意的是，用作野菜，俗称败酱草的植物，还有菊科的苣荬菜

物质很多，很多野菜中也的确含有这些营养物质。但是，在这个食物来源极为丰富的时代，我们完全可以从多样化的饮食中摄取这些营养。

通常来说，维生素 C 含量高，是野菜促销的金字招牌。这点倒是不假，比如：100 克小黄花菜中，维生素 C 含量高达 340 毫克；100 克灰灰菜（中文正名为藜）中，维生素 C 的含量达到了 72 毫克；相比之下，100 克大白菜的维生素 C 含量只有 47 毫克。可是，小黄花菜有毒，灰灰菜口味不好，要像大白菜那样大量食用是件很麻烦、很困难的事情。因此，用野菜补充维生素 C 只是一件看上去很美好的事情。

至于矿物质、维生素 E、不饱和脂肪酸这些营养物质，根本不需要从野菜中获得。一杯牛奶、一片肉制品或者豆制品，已经足够满足我们的需求了。

附带说一句，现在市面上宣传的各种野菜的神奇保健功效，我们姑且听听即可。且不说现实中没有因为吃野菜治好病的实例，就算野菜中含有一些药用成分，也必须在提纯之后，在医生的指导下使用才能保证安全有效。要知道，即便是有效的植物化学物质，比如可以用于治疗癌症的秋水仙碱，同时也会杀伤大量正常细胞。把药当保健品吃，可不是什么明智的事情。

当然了，野菜特殊的口感总会吸引一定的爱好者，像荠菜、蕨菜、竹笋这些野菜，也在慢慢地变成栽培蔬菜，但不是所有的野菜都能如此幸运。就以马兰头为例，一亩（约等于 666.7 平方米）马兰头的产量在 500 ~ 600 千克，而一亩大白菜的产量高达 6000 千克。纵然在单价上相差数十倍，产量上的缺口也是难以弥补的。更不用提马兰头在栽种和采收过程中要投入的巨大人力，再加上销售市场的各种不确定性了。于是，种野菜也成了件只是看上去很美好的事情。

另外，我们对很多野菜的生长过程仍缺乏了解：关于野菜什么时候开花，什么时候结种子，什么时候需要施肥，什么时候采收，等等，几乎都还没有系统的研究，采收和管理都只是靠粗放的经验。要想把这些野菜纳入栽培蔬菜的范畴，还有很长的路要走。如果解决了这些问题，那这些野菜自然就能变成人工栽培的园蔬了。

芹菜:
此芹非彼芹，彼芹从何来

思乐泮水，薄采其芹。鲁侯戾止，言观其旂。其旂茷茷，鸾声哕哕。无小无大，从公于迈。

——《诗经·鲁颂·泮水》

水芹的传说

在春秋战国时期，人们的生活区域仍然是围绕天然水域扩展开的，毕竟良好的灌溉条件是保证粮食生产的基础，因而那些生长在水畔的各种植物自然受到人们关注。《诗经》记录了很多生长在湿地中的野菜，水芹就是其中之一。"思乐泮水，薄采其芹"就简洁而精确地描述了水芹的生存环境。

问题来了：既然芹是水生植物，那我们今天吃的芹菜为什么没有像莲藕那样粘上淤泥呢？那是因为今天我们说的芹菜，并不是春秋时期中国人吃的芹菜，《诗经》中记录的芹，在今天被称为水芹。

水芹属多年生草本植物，常生长在河湖、池塘边的浅水低洼处，又被称为水芹菜、野芹菜。水芹与旱芹、西芹并非同属，它是水芹属的成员，而旱芹、西芹属于芹属。

在春秋战国时期，包括水芹在内的诸多水草因为生长的姿态优美清雅，有"出淤泥而不染"的意味，颇得学子喜爱。据说在当时，鲁国的高等学府泮宫旁有泮水，学子常采取水中的芹菜。这一习俗慢慢流传，后来"采芹"就代指入学或考中秀才，"芹宫"则指代学宫、学府。

当然，除了美好的寓意之外，水芹的鲜香也为古人所称道。最早记载水芹的《神农本草经》中提到："水靳（水芹），味甘，

英国植物学家威廉·罗克斯伯勒（William Roxburgh，1751—1815 年）描绘的水芹

平……令人肥健，嗜食。一名水英。生池泽。"

不过，水芹留下的也并不都是美好的回忆。古时候有一种奇怪的"蛟龙病"，据说就是吃水芹吃出来的。唐玄宗就遭遇过这种诡异之病——他派往南方出差的宦官回来时变成了大肚子，如同怀孕！据说，这个宦官不过是在路上吃了些水芹菜，之后肚子就一天一天大了起来。太医诊断的结论是"蛟龙病"。古人认为水芹菜上沾有蛟龙的排泄物，人吃了，无论男女，都会怀上蛟龙的子嗣。后来，这个宦官喝了汤药，开始呕吐，吐出来一种手指大小、身披鳞甲、头上长角的蛟龙似的动物。唐代综合性医书《外台秘要》也记载："三月八月蛟龙子生芹菜上，人食芹菜，不幸随入人腹，变成蛟龙。其病之状，发则如癫。"

这些故事神乎其神，却说得像真的一样。不过，这当然都是无稽之谈。这些所谓的蛟龙，很可能只是一些特别的寄生虫，而这些得了"蛟龙病"的人，很可能只是吃水芹的时候，不小心吃下了一些寄生虫卵而已。所以摘食水芹时还请小心。

春季是品尝水芹的最好季节，这时候的水芹最为鲜美，其嫩芽更是鲜脆可口。一直到现在，中国的许多地方仍然保留着春季吃水芹嫩芽的习俗。

但是，水芹与旱芹相比，植株较小，栽培产量较低。因此，自从旱芹被引进中国，水芹渐渐退居二线。

芹菜的拓荒史

最早的芹菜形象，是在埃及法老图坦卡蒙（死于公元前1323 年）的陵墓里发现的，即其陵墓中花环上的芹菜。公元前9 世纪，古希腊史诗《奥德赛》中也有对这种"香草"的记述。据说，芹菜叶一度还被当作月桂叶的替代品，装饰在竞技比赛的冠军桂冠上。到了古罗马时期，芹菜又变身成为药草，据说有预防中毒之功效。

在很长一段时间里，芹菜都不是西方蔬菜的主力，充其量也就是种香草。这段时期的芹菜个头都非常小。直到17 世纪，芹菜才在欧洲大陆迎来了"春天"。意大利、法国、英国等地对芹菜的改良活动蓬勃发展，最终出现了叶柄厚实、气味怡人的品种——西芹。后来，瑞典人进一步改进了芹菜的仓储技术，同时

· 细叶旱芹 ·

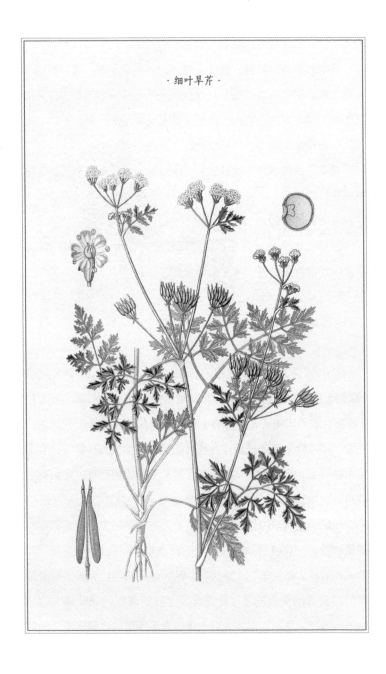

香菜

筛选出没有药味、适合生吃的沙拉品种。

在东方，芹菜的发展比西方要早，这大概是因为中国人更能接受浓烈的滋味吧——还有什么味道能比花椒、八角和茴香更浓烈呢？于是，芹菜不远万里，途经印度，来到中华大地拓荒。公元 10 世纪，西洋的旱芹就开始在我国被广泛种植了。不过，习惯于吃熟食的国人并不介意芹菜的气味，所以直到今天，我国栽培的这一支芹菜仍有浓烈的味道，被冠以"药芹菜"之名。

芹菜有一种特殊的气味，爱者极爱，恶者极恶。这种气味倒是跟香菜的气味有几分相似。没办法，同属于伞形科植物，它们体内都蕴含了丰富的萜烯类物质。此外，它们还有几分柑橘和松香的气味，这也阻挡了一众食客。

不过，芹菜也有自己独特的滋味，那是由一种叫对 - 聚伞花素的特殊化合物产生的。正是这种物质决定了芹菜的基本味道。当然了，西芹和旱芹所含的化学物质有少许不同，前者含有一种叫邻苯二甲酸二丁酯的物质，而旱芹则缺少这样的风味物质，所以西芹和旱芹的味道稍有不同，更多的朋友觉得西芹口味更清淡的原因也在于此。

西芹、香芹都是什么芹

再说西芹，正如前文所说，这是欧洲培育的品种，特点就是叶柄肥厚，纤维比旱芹少，并且是实心的，每棵的重量可达 1 千克以上。西芹脆嫩多汁，不管是生拌还是清炒，都是一道好菜。不过，西芹的生长期比较长，身价也比两个月就能采收的旱芹要高。所以，我们在餐馆里经常会碰到假冒西芹的"李鬼"。

除了西芹和旱芹，在北方菜市场上，偶尔能碰到叶柄纤细、洁白的芹菜，这就是我们常说的"香芹"。不过，真正的香芹应该是欧芹属的欧芹，它的秆是绿色的，长得像一棵大号版的香菜，我们经常在西餐食谱中看到的欧芹就是它了。（欧芹的叶子也经常用于摆盘装饰。）

至于那些白色秆的"香芹"，实际上是旱芹或者西芹的变种，因为叶柄中的叶绿素退化，于是长成了一副雪白的模样。在四川的 34 个芹菜品种中，有 20 个都是白秆的。成都"苍蝇馆子"里的芹菜牛肉，用到的芹菜多半也是白色的，但是同样有芹菜特有的香气。牛肉的嫩、芹菜的脆在这一刻交融，谁还管它是不是香芹呢？

芥菜:
摇摆在蔬菜和香料之间

除了韭菜，还有一些植物在调味料和蔬菜之间摇摆，最典型的就是芥菜。

很早之前，芥在中国就是一种特别重要的植物。不过，芥菜这种植物并不满足于在餐盘里唱配角，也不甘心只以"种子"香料的身份出现在餐桌上，于是它在菜园里开启了神奇的幻化之旅，在选育过程中产生了以根、茎、叶为主要食用部位的、长相各异的特别蔬菜。只不过，它们身上都有一个共同的特征，就是那种特殊的、能让人流下眼泪的芥末味。

芥末："跳槽"的调味料

实际上，芥菜和白菜同宗同源，它们都有一个共同的祖先——芸薹。只不过，在后来的日子里，白菜的祖先一直独自前行，从芸薹变成了薹（近似于油菜），再从薹变成了菘（近似于乌塌菜），又从菘变成了牛肚菘，进而出现了今天的包心大白菜。而芥菜的祖先则不甘寂寞，与野生的黑芥高调结合，繁衍出庞大的芥菜家族。我们吃的芥末墩上的黄芥末就在这个家族中。黄芥末其实是芥菜种子磨制而成的酱料，这才是芥末的本源。

这样一说，大家可能会感觉食芥的历史很短。实际上，芥菜有着悠久的种植历史，而且不管是东方还是西方，都有悠久的食用黄芥末的历史。在春秋时期，生活在

辣根是十字花科辣根属的植物，原产自欧洲。因根有辛辣味，多用作调味品

华夏大地上的人们就开始收集芥菜种子制作芥末了。在《礼记》中就有这样的描述："脍，春用葱，秋用芥。"注意！这个时候，我们的祖先就用黄芥末搭配生鱼片来吃了。

在同一时期的古罗马，芥末也开始传播和盛行。据说在公元60年，罗马帝国的食谱中就出现了芥末——将芥菜籽与葡萄汁混合可以制成调味料。那是多么奇异的味道，不过这不妨碍罗马人对芥末的执着，它们还会把芥菜籽与黑胡椒、茴香、莳萝等香料混合在一起，做成烤野猪的酱汁。但那时的古罗马人用芥末，不像我们中国人用得那么纯粹。

大头菜和榨菜：吃的是根还是茎

大头菜和榨菜虽然都是芥菜家族的成员，但它们却是芥菜的不同部位：大头菜是根，榨菜则是茎。根和茎的功能本来是风马牛不相及的，但是在大自然的强力塑造下，它们有时也会产生相似的功能。

毫无疑问，大头菜所用的根和榨菜所用的茎发挥了同样的功能，那就是帮助植物储备能量，以便在来年春天芥菜开花的时候，它们能供应足够的能量。那么，怎么区分植物的茎和根呢？

有人说，是否生长在土里，就是根与茎最大的区别：根都是长在土里，而茎是长在空气中的。然而，事情并没有这么简单，比如蝴蝶兰和榕树的气生根都可以在空气中自由生长，莲藕和芋头则有生长在地下的茎秆。

如果说生长的地方不是重点，那么它们是在形状上有差别吗？我们的认识可能是：根应该是狗尾草根那样的"胡须"状，茎秆则应该像竹子那样有着挺拔的身姿。然而，榕树的气生根也可以长得高大挺拔，荸荠的茎秆也会变得圆溜溜的。

其实根和茎这些不同的变化，不过是植物为适应特殊生活环境和生活方式产生的变化。它们在共同功能的选择压力下，长成了类似的样子。

那根和茎最大的区别，到底在哪里呢？根和茎最大的区别就在于芽的生长方式：根上没有固定的长芽的位置，而茎上是有的。最常见的例子就是，马铃薯身上有很多芽眼，而红薯没有。因此，我们吃的马铃薯其实是它的茎，而红薯是根。

另外，植物的茎上会长有很多叶片，但是在根上长叶片，就是件比较稀罕的事情了。所以，我们看到大头菜只在"头顶"上有叶子，但是榨菜的叶子却分布在"上半身"。

芋，俗称芋头

·马铃薯·

·红薯·

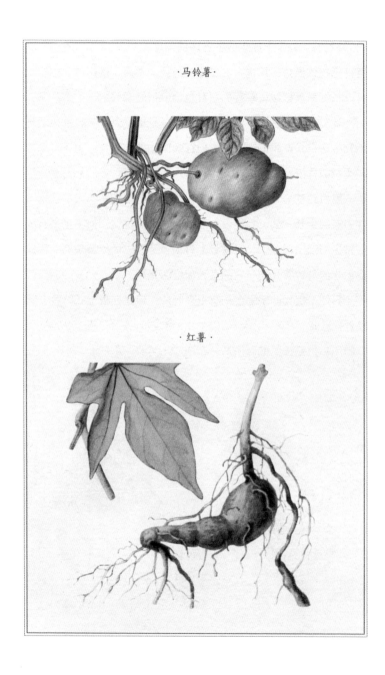

芥花油：芥菜家族供应的食用油

芥菜除了叶子和根茎有大作用，还能提供食用油，那就是大名鼎鼎的芥菜籽油了。单看名字，就大概知道它的味道了。这些油芥菜主要分布在我国西北地区，因为它耐寒、抗旱的能力更强。所以，虽然品质不如大豆油、花生油，芥菜籽油却还是在西北的高海拔地区占有一席之地。

值得注意的是，芥菜籽油中含有大量芥酸，这种超长链脂肪酸不容易被人体吸收，同时会影响油中不饱和脂肪酸的含量，所以在健康为先的今天，芥菜籽油多少有些尴尬。不过，经过挑选的低芥酸品种芥菜已经投入种植，于是经过"包装"的芥菜籽油以"芥花油"的身份，重新进入我们的视野。同时，因为芥酸可以用于制造人造纤维、聚酯及纺织助剂、PVC 稳定剂、油漆干性剂等化工产品，所以芥酸含量高达 70% 的芥菜品种也被筛选了出来，并朝着更高的目标迈进，这也算是油芥菜新的发展方向吧。

不过，这些都是后话。在春秋战国时期，芥菜仍然只是一种调味料而已。

春秋战国时期的中国菜园，就如同《诗经》一般优雅，少了几分烟火气，却展现了中国人更多的精神追求。在接下来的日子里，随着人口持续增加，小农经济继续发展，以及可以开垦的荒地尽数变成了农田，中国人的菜园子里发生了一场巨变，真正的种菜习惯就要出现了。

Ⅲ

秦汉

一

自耕农出现
蔬菜观形成

重农主义对蔬菜的影响

商鞅制定的以农为本的策略，为秦国的强盛奠定了坚实的基础，并且助力秦国的"虎狼之师"横扫六国、一统天下。在短暂的秦汉交替的动荡之后，到了汉朝，以农为本的方略不仅没有改变，反而被进一步强化了。重农抑商的政策，以及土地所有制的变更，都进一步推动了中国人种菜技能的发展。

自耕农与蔬菜需求

　　外戚干政、卖官鬻（yù）爵、政治黑暗、帝王沉湎于酒色——这些被认为是东汉王朝没落的原因。事实似乎也正是如此，号召大家种蔓菁的汉桓帝，后宫人数竟达五六千人。但是，真正使王朝崩塌的主因之一仍然是赋税过重，它导致广大自耕农破产，最终引发了社会动荡和政权更迭。说到底，土地分配和生产关系在很大程度上决定了王朝的生命力。与此同时，土地分配状况和自耕农的生活状况也影响着中国人对蔬菜的选择。

自耕农的生活状况

一说到封建社会的生产关系，大家想到的肯定是"地主"和"佃农"，确实，拥有大量耕地的地主和依附地主生活的佃农，是封建社会的重要组成部分。但是封建社会中还有自耕农。而且在秦汉时期，自耕农才是社会的基础，男耕女织的家庭是基本的生产单元，也是帝国赋税的核心来源。

为什么地主阶级不是主要的赋税来源呢？原因也很简单，因为地主阶级拥有更多资源，自然也有更多逃避赋税的手段，那些官僚地主更是营私舞弊，最终导致国家财政入不敷出。所以，汉代董仲舒提出的限田的想法，就是意在控制豪强地主兼并土地，保障自耕农生产。

然而，自耕农的生活并不美好。因为除了用粮食上交田赋之外，自耕农还要按男丁数量服徭役，徭役过于繁重的时候，就会由于人手不足错过农时，影响对农作物的管理，造成减产甚至绝收。反观豪强地主，他们就不存在这样的问题——拥有丰厚田产的他们可以纳钱代役。

生活中常见的蔬菜品种

种菜：一种无奈之举

不过，自耕农还是有盼头的——如果能够收获足够的粮食，就可以购买更多的田产，甚至是耕牛，从而一跃成为新兴地主。不管是为了避免成为佃农，还是希望成为新兴地主，抑或是为了缴纳国家的赋税，自耕农所有的努力都是围绕粮食生产展开的，他们以粮食生产为一切生产的核心。这也就使得蔬菜生产始终处于边缘化地位，毕竟蔬菜既不能作为赋税上交，也不能成为填饱肚子的主力。虽然历史上曾短暂出现以"千畦姜韭，此其人皆与千户侯等"为表象的商品生产的兴盛时期，但在以农为本、重农抑商的大环境下，蔬菜生产终究无法发展成为一个产业。

然而，蔬菜是人们生活的必需品。因为古代的中国人，尤其是平民百姓，长期缺乏动物性食物，而以各种谷物为主要食物。他们要想获得足够的营养（即我们今天所说的维生素和矿物质等），只能依靠蔬菜。于是，人们开始将智慧和技能尽数用在种菜上。

　　能提供必要的营养，不与粮食作物争夺土地，可以自给自足，这几点叠加在一起，就决定了古代人对蔬菜的选择标准：首先要易于种植，适应性强；其次是营养要全面，能满足人们对基本营养的需求；最后就是成熟期要足够短，能够极大提高土地的利用效率。直到今天，我们仍然能在中国很多地方看到这种朴素的生产智慧。"百菜之主"——葵的发展历程，就证明了这一点。

葵：
为何一家独大？

六月食郁及薁，七月亨葵及菽，八月剥枣，十月获稻，为此春酒，以介眉寿。

——《诗经·豳风·七月》

葵是不是向日葵

不管是在酸菜氽白肉的锅里，还是在开水煮白菜的碗里，我们总能见到大白菜的身影。不过，大白菜真正称霸中国人的餐桌，只有短短 800 年的时间，在它之前还有一种被尊称为"百菜之主"的蔬菜，那就是葵。

关于葵有很多诗句，最出名的就是汉乐府《长歌行》中的"青青园中葵，朝露待日晞"。很多朋友读到这里的时候，脑海里浮现出来的画面，大概是排列整齐、每个花盘都朝着太阳敬礼的向日葵。

在很多对古诗词的解读中，都把这句诗当作向日葵原产于中国的证据。而且还有人搬出了杜甫的两句诗加以佐证："葵藿倾太阳，物性固莫夺。"这里面的"葵"恰恰与太阳联系在一起，于是很多人确信在唐代之前，中国人就已经开始种植向日葵，并且把它写在诗句当中了。

但是，我们要注意，《长歌行》中的诗句，写的是在园子里种葵当菜吃。但是除了瓜子，我们从来都没有吃过用向日葵做的菜吧，更别说把向日葵的叶子当菜吃了——那毛乎乎的粗糙叶子，就是用来包粽子也不合适啊。所以，真相只有一个：古诗词里写的"葵"，都不是向日葵。

在明代之前的中国画作中，压根儿就没有向日葵的形象。向日葵的老家在南美洲，直到哥伦布发现新大陆之后，向日葵才被欧洲人发现并传播到世界各地。

至于杜甫诗句中的"葵藿"，大概指的是葵和大豆这两种植物。虽然它们没有向日葵那种太阳模样的花盘，也不像向日葵会随着太阳移动而转动，但它们都是喜欢阳光的植物，这是它们的生活习性，杜甫的诗句讲的其实是这个道理。

问题来了：如果"葵"不是向日葵，那它到底是什么东西呢？

葵是土生土长的菜

实际上，我们这里所说的"葵"，是指葵菜（中文正名为冬葵）。我们如果看到葵的花朵，就会明白它与向日葵没有关系。它的花朵只有一个小拇指甲盖大小，有着粉白色的五片花瓣，中央还有一个满是花粉的花柱，一堆堆雄蕊聚集在一起，形成一个套筒，套在雌蕊上：这是锦葵科植物的典型特征，木槿、扶桑和蜀葵的花朵都有这样特别的结构。只不过，这些植物为我们提供的主要是装扮生活的花朵，而不是餐桌上的蔬菜。

今天，中国人的餐桌上已经很少见到葵的身影，但是我们只要把时间拖回到唐代之前，就会发现，这种蔬菜在当时可是名副其实的"百菜之主"。

中国人种葵、吃葵的历史可以追溯到西周时期，那时的人就开始煮葵菜汤了。《诗经》中就有关于葵的描写："七月亨葵及菽。""菽"就是我们今天说的大豆，大豆至今仍是中国人重要的蛋白质来源，把葵和大豆并列在一起，其重要性可见一斑。

《诗经·大雅·生民》中记录的"荏菽"，指的也是大豆

元代王祯的《农书》里写道："葵为百菜之主，备四时之馔，本丰而耐旱，味甘而无毒。"他还记录了葵的多种吃法，包括凉拌、做汤、煮菜粥，这都说明葵是当时中国人的当家菜。

说了这么多，肯定有人会问：葵这么重要，那它们好吃吗？

黏糊糊的不是鼻涕

我第一次吃葵菜的感觉并不好——葵的叶子有些粗糙，会

除了在餐桌上"奋战"的葵和秋葵，锦葵科植物更多是出现在花园苗圃之中

有一种拉舌头的感觉，并且这东西黏糊糊、滑溜溜，有点儿像鼻涕。但是注意了，葵的黏液可不是鼻涕。鼻涕黏是因为含有蛋白质，而葵菜的汁液黏主要是因为含有多糖。

所谓多糖，是相对于果糖、葡萄糖以及蔗糖来说的。简单来说，这世界上所有的糖，都可以看作是由不同数量的葡萄糖分子手拉手排队组成的，只是不同糖的分子数量不一样，排队方式也不一样而已。

葵菜里的多糖虽不能被人体的肠胃消化和吸收，却有自己独特的功能：一方面，多糖可以促进肠胃蠕动，保证消化系统正常工作；另一方面，多糖也可以成为肠道细菌的食物，阻止有害细菌入侵。

从这个角度看，含丰富多糖的葵，的确符合现代人的饮食需求。吃多了大鱼大肉之后，来点儿健康的葵菜，真是再合适不过了。

有机会的话，不妨去尝尝这些古老又年轻的健康蔬菜吧。

张骞带回了胡萝卜？

从很多历史读物中，我们都能得到一个信息，那就是出使西域的张骞不仅为汉朝的边境安全做出了突出贡献，还为中国水果和蔬菜产业的发展做出了重要贡献。他带回了包括葡萄、苜蓿、亚麻（胡麻）、蚕豆（胡豆）、大蒜（胡蒜）、芫荽（胡荽）、核桃（胡桃）、石榴、红花、黄瓜（胡瓜）和胡萝卜等一众作物。

然而，真实的历史却并非如此。且不说名单中有许多作物进入中原的时间并没有详细的记载，有明确记载的几个，也与张骞没有直接关系。

比如，葡萄和苜蓿虽然是在汉代时被带入中原的，但带入者是谁还有待考证。至于胡萝卜，与张骞的关系就更远了，因为中原区域关于胡萝卜的记载，最早出现在南宋《绍兴校定经史证类备急本草》一书中，书中提到"胡萝卜味甘平无"。李时珍在《本草纲目》中的描述也印证了这一观点："元时始自胡地来，气味微似萝卜，故名。"所以说，中国人吃上胡萝卜，应该是宋代之后的事情了。

胡萝卜的颜色

更有意思的是，中国人最初吃的胡萝卜并不是我们今天看到的模样，很可能是紫色或黄色的。

今天的胡萝卜，根据颜色不同，可以划分成黄色型、橘红色（橙色）型、红色型和紫色型。颜色差异与胡萝卜肉质根中的色素组成有很大关系：黄色型的肉质根中主要是叶黄素，橘红色型主要是 β - 胡萝卜素，红色型主要是番茄红素，而紫色型则主要是花青素。

那些生长在中亚地区（主要是阿富汗）的胡萝卜的祖先就是紫色的，在栽培过程中逐渐出现了黄色品种，后来又从黄色品种中产生了白色品种。相较于紫色和黄色品种，白色品种在原产地之外并不受欢迎，所以在 10 ~ 11 世纪从原产地向外传播的胡萝卜只有紫色和黄色品种。

实际上，我们熟悉的橙色胡萝卜是在 17 世纪由荷兰园艺学家培育出来的，这已经是胡萝卜传入西北欧 300 年之后的事情了。所以，当年在宋元时期传入中国的胡萝卜，很可能是紫色或者黄色的。

蔓菁：
像萝卜一样的白菜

中国有句老话叫"萝卜白菜，各有所爱"，说的就是不同的人喜好各不相同。毕竟白菜清淡，萝卜辛辣，一个偏向爆炒，一个适于炖煮，这正是对口味选择多样性的美好诠释。但是细细琢磨，这话又有点儿问题：吃萝卜和吃白菜确实有很大的差别，一个是吃块根，一个是吃叶子，这是两种完全不同的食材，既然没有重合性，还用得着选择吗？

其实，在古代，我们吃的大白菜并不是今天看到的这个样子，它和萝卜的差别远没有现在这么大。要想理解萝卜和白菜之间的关系，我们还需要去了解大白菜的祖先，那就是蔓菁，这种经常被人误认为是萝卜的大头菜。

采葑与采菲，蔓菁和萝卜

蔓菁也叫芜菁，它是一种颇具代表性的十字花科芸薹属植物，与甘蓝和芥菜是一家子。关于蔓菁的起源地，今天仍然存在争议。大多数研究认为，蔓菁起源于中亚和地中海地区，随着人类的活动，逐渐被传播到世界各地，并被驯化成各种不同形态的蔬菜，其中最有名的就是大白菜。

5000 多年前，蔓菁的祖先还是一副野草的模样，没有宽大肥厚的叶片，没有甜美的块根，也没有含油量丰富的种子。但与野草不同的是，蔓菁可食用，并因此被人类栽培和改造。到了2500 年前的周朝，文字记录中第一次出现了"葑"这种蔬菜。《诗经》中所说的"采葑采菲"，就是指采集蔓菁和萝卜。

同白菜主要吃叶片不同，蔓菁的叶片、块根均可食用。如果不仔细辨认，蔓菁的块根很容易被人们当成萝卜。不过，它长出的"萝卜"没有正宗萝卜的辣味，反而透着几分鲜甜。到了开花时节，蔓菁和萝卜的区别就更明显了，蔓菁开黄花，萝卜开白花，两者的区别一目了然。

当菜当饭两相宜

蔓菁是一种"厚实"的蔬菜，它的干物质含量可以达到 9.5%

习习谷风，以阴以雨。黾勉同心，不宜有怒。采葑采菲，无以下体？德
音莫违，及尔同死。

——《诗经·邶风·谷风》

以上，远远高于萝卜（6.6%）。所以，在兵荒马乱的年代，蔓
菁经常被当作救荒的主食。比如公元153年，在遭遇蝗灾水患之
后，汉桓帝就曾经号召全国人民种植蔓菁，用来弥补粮食的短缺。
不仅如此，在连年征战的三国时期，诸葛亮也曾经号召蜀地的农
夫广泛种植蔓菁。

当然，蔓菁所含的其他营养物质也不少。比如，每100克
新鲜蔓菁中的维生素C含量可以达到30毫克以上，这已经是相
当合格的维生素C提供者了。每天吃上300克蔓菁，几乎就可
以满足常人每天对于维生素C的需求了。

至于蔓菁的口感，就多少有点儿不尽如人意了。所以在萝卜
和马铃薯普及之后，蔓菁迅速退出了历史舞台。只有一些喜欢尝
鲜的人还保留着吃蔓菁叶、啃蔓菁根的习惯。

不过，在饮食习惯和饮食结构发生变化的今天，蔓菁的低热量、高饱腹感特性，及其容易让人接受的清淡气味和口感，又让它化为完美的健康食品。

蔓菁的后代

虽然蔓菁曾在中国古代的餐桌上叱咤风云，但那个时候，餐桌上的叶菜核心仍然是葵——从春秋时期就开始流行的"百菜之主"。至少在当时的农人看来，葵具有诸多不可替代的优点：强大的适应性让葵可以在大江南北广泛种植，耐寒的特性让葵在秋冬时节也能收获并摆上餐桌。

也许葵自己也没有想到，有朝一日它会被蔓菁的后代取而代之。这个"后代"，就是今天我们熟悉的大白菜（详见121页"芸薹的演变"一节）。

可以说，蔓菁这种蔬菜的流变，几乎代表了中国蔬菜选育的历史变迁。从筛选出专门的叶用大白菜，再到被马铃薯和萝卜替代，今天，蔓菁又被当作健康食品，特别是在电商渠道中，蔓菁的地位越来越高。这种古老的蔬菜将如何演绎新的故事，让我们拭目以待。

蔓菁

Ⅳ

魏晋南北朝

一

粮食大衰退
蔬菜大发展

战乱时期的蔬菜发展

公元279年，晋武帝司马炎下令分六路大举伐吴，
东吴的长江防线很快被攻破。至280年，魏蜀吴
三足鼎立的局面终于结束，中国又回到了大一
统时期，但是战乱并没有完全结束。从魏晋至
隋的近400年间，有30多个大小王朝交替兴灭。
在这政权更迭、战乱频繁的时期，中国的农业
生产出现了极大的危机，但蔬菜的种植却有了
很大的发展。这是为什么呢？

战乱时期的农业情况

古代中国人就餐场景

粮食生产大衰减

在魏晋南北朝三百多年的时间里，发生大规模战乱的时间就超过 212 年。如此频繁的战乱，给农业生产造成了巨大破坏，特别是黄河中下游的农业区均受到重创。

单从有关野生动物的历史记载中，我们就能体会到当时农田荒芜的景象。在《魏书》中有这样的记载："虎狼大暴，从潼关至于长安，昼则断道，夜则发屋。"老虎和狼这些食肉动物的存在，是以大量食草动物的存在为基础的，单凭这点，就不难想象当时人烟稀少、田地荒芜的景象了。

除了战乱带来的荒芜，对于老百姓而言，还有一个更大的挑战，那就是气候变化。自东汉末年开始的气候变冷，一直延续到公元 6 世纪初。竺可桢先生在《中国近五千年来气候变迁的初步研究》一文中指出，魏晋南北朝时期的平均气温比 20 世纪 70 年代要低大约 2℃。《魏书》中也多次记载了陨霜、降雪和冰冻等极端天气事件，以致北魏不得不将都城从平城迁到洛阳。

气候寒冷不仅影响了人们的正常生活，对农业生产的影响也是显而易见的。过往数据显示，温度与降水量一般呈负相关。一般来说，在其他耕种条件都不变的情况下，平均温度每下降1℃，农作物的产量就会减少10%；平均年降水量每减少100毫米，农作物的产量也会比正常年份减少10%。魏晋南北朝时期的干冷气候，显然会导致农作物产量大衰减，霜冻期的延长甚至会造成粮食作物绝收，再加上战乱的影响，魏晋南北朝时期的粮食生产，特别是北方区域的粮食生产受到了很大影响。

蔬菜种植大发展

在粮食紧缺的情况下，蔬菜就成了果腹保命的必备作物，从汉代就发展起来的蔓菁，继续承担着粮食替代品的重任。在《齐民要术》中有记载：蔓菁"可以度凶年，救饥馑"，"若值凶年，一顷乃活百人耳"。足见当时蔓菁对于普通老百姓的重要意义。在这一时期，种植蔬菜已经不仅是个人行为，各个政权也颇为重视蔬菜生产。北魏和北周都曾经直接下令，让百姓广泛种植蔬菜，以救饥荒。

除了战乱和气候的影响，在这一时期盛行的佛教，也在一定程度上促进了蔬菜生产的发展。"南朝四百八十寺，多少楼台烟雨中。"唐代诗人杜牧的《江南春》形象地描述了南朝时期佛教盛行的景象。佛教的影响日益扩大，越来越多的人遵循不杀生的戒律，日常饮食中素食的比重大大提升，对蔬菜的需求量自然大幅增加。梁武帝信佛之后，更是将蔬菜作为主要食物。在蔬菜需求提升的大环境下，甚至出现了以售卖为目的的蔬菜种植产业。

贾思勰在《齐民要术》中就描述了多种可以通过种菜牟利的手段，比如《种胡荽第二十四》中记载：种一亩胡荽（香菜），就能收获十石胡荽籽，将这些胡荽籽贩卖到都城，每石可值一匹绢，如果把胡荽腌制成菹，一亩地就可以收获两大车，一车可值

· 香菜 ·

三匹绢。不管你爱不爱吃香菜，种香菜在魏晋南北朝时期都是一项利润颇丰的生意。

此外，贾思勰在书中还详细描述了通过种植葵和蔓菁获利的方法，我们从中得知，十亩蔓菁根尽数卖掉的话，可以得钱一万。这里的获利数额可能有所夸张，但是种菜、卖菜可以作为一门生意，应该属实。

蔬菜成为硬通货

百姓看重蔬菜还有一个隐藏的原因，那就是粮食在魏晋南北朝时期是作为硬通货存在的。

关于古代货币，我们熟知的历史是秦始皇统一六国之后就统一了中国的货币，将用铜铸造的秦半两作为标准的货币。汉代从公元前 118 年开始，将五铢钱作为唯一的货币。受各种影视剧的影响，多数人对古代货币的印象可能是，中国古代一直都以铜钱作为标准货币。于是铜钱也就成了古代货币的象征。

但是在历史上，铜钱作为标准货币的地位屡次受到挑战。王莽篡汉建立新朝之后，屡次改币，还曾用金、银、铜、龟甲、贝5 种材料，发行 6 种名头、分 28 品的不同货币。这种反复改革货币制度的混乱，导致整个货币系统大崩溃。在"董卓之乱"后，五铢钱制度再次受到沉重打击。到曹魏时期，朝廷不得不废除五铢钱，改用布帛和粮食作为标准货币。于是，这个时候的粮食不仅具有食用功能，还兼具货币功能，而此时的赋税也是以布帛和粮食的形式收取的。

对于普通农夫而言，田里出产的粮食要优先用于缴纳赋税和田租，以及交换必要的生活物资。再加上战乱和恶劣气候对粮食生产的限制，蔬菜便自然成为重要的果腹之物。

蔬菜品种大量增加

魏晋南北朝时期的蔬菜品种已经丰富起来，为种植、食用和买卖蔬菜提供了基础条件。《齐民要术》中记载的蔬菜多达 50 多种，光是可以在北方种植的蔬菜就有 30 多种。蔬菜品种较先秦时期有大幅增长，主要有 3 个方面的原因。首先，传统蔬菜在不断的培育过程中，产生了很多新的种类，比如古老的蔬菜葑已经分化出蔓菁和菘，而作为"百菜之主"的葵，也衍生出多个不同的品种。再则，很多野生植物被驯化成了蔬菜，特别值得注意的是，像莲藕、菱、鸡头米（芡实）和莼菜这样的水生植物，也被逐渐驯化成栽培作物。此外，还有外来蔬菜的引入。自从张骞出使西域之后，随着东西方交流日益增多，除了在汉代就传入中原的胡葱和大蒜，在魏晋之后，黄瓜、莴笋和香菜也相继进入中原地区。

古代中国人的菜篮子前所未有地丰富起来，这对于那些在战乱和极端天气中渴求温饱的百姓来说，自然是一件大好事儿。

不过，如果脱离了高效的耕种技术，即便有再优良的种子也是白搭。好在这一时期的蔬菜种植技术有了极大发展，而这些智慧的结晶都被记录在了《齐民要术》中。

·莲·

·黄瓜·

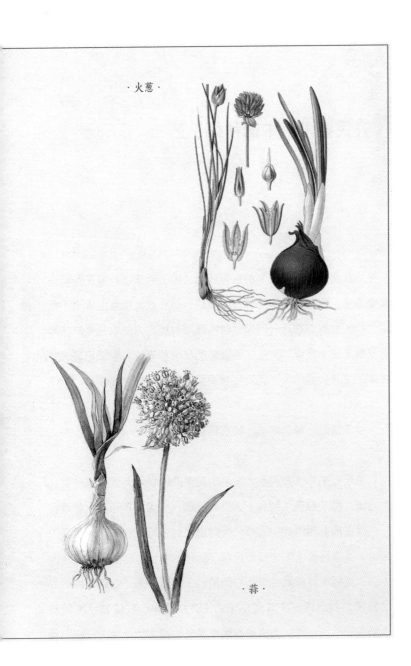

·火葱·

·蒜·

《齐民要术》中的种菜手艺

战乱和气候变化带来的生存压力，加上佛教盛行带来的特殊素食需求，以及粮食的特殊货币属性，都在很大程度上促进了蔬菜生产的发展。在这一时期，包括蔬菜种植在内的农业生产技术也获得了极大发展，产生了很多新的技术和理论。全面记载这些技术的《齐民要术》，无疑是最重要的农学著作之一。

种子筛选：种瓜得瓜，种豆得豆

总结起来，《齐民要术》中的蔬菜栽培技术大致可以分为几个方面：种子筛选（留种）、育苗管理、土壤管理和肥水管理。

魏晋南北朝时期，人们已经得出了种子可以影响作物品质的结论。《齐民要术》中详细记载了留种的方法，比如吃到美味的（甜）瓜时，就需要注意把它们的种子保留下来，然后播种下去，这样就能种出同样美味的瓜了。《齐民要术》还提到，不同甜瓜的成熟时间不同，而成熟期的差异又与果实大小相关——"种

甜瓜的选育

早子，熟速而瓜小；种晚子，熟迟而瓜大。"这些关于种子的选择方法和留种措施，可以算得上朴素的遗传学认知，它们对于逐步提高蔬菜作物品质有很大的推动作用。

种子处理：浸泡、微煮、混合

在这一时期，蔬菜的播种、育苗技术也有了很大发展。在种子的测定、选择、晒种和催芽等方面都有相应的措施。比如在播种前通过浸泡种子，让其吸收足够的水分，就可以促进种子发芽。

对某些种子还有特别的处理方法，比如将韭菜种子在铜锅中微煮，可以促进发芽，因为适当的高温可以打破韭菜种子的休眠状态。直到今天，在播种之前用热水浸种，仍然是促使很多蔬菜种子快速发芽的常规做法。

除此之外，对于细小的、难以均匀播种的种子（如葱的种子），书里也有天才般的解决方案：将它们与较大的种子（如炒过的谷子）均匀混合，这样就能轻松掌控播种数量了。

土壤：精耕细作，施肥保产

对于土壤管理，《齐民要术》中曾多次强调，如菜地需要精耕细作，园地需要多耕、早耕、细耙、细耢，从而提高种植土壤质量，最终提升蔬菜的产量和质量。与此同时，蔬菜畦种法也日渐成熟。在畦的四面起高垄，不仅利于灌溉，还可以尽量避免人在田间行走的时候践踏菜苗。畦中低洼处还可以形成适宜蔬菜幼苗生长的小环境，加上适当地浇水，可以保证幼苗在北方干旱的春季健康成长。"春多风旱，非畦不得"说的就是这种小环境的优势。

魏晋南北朝时，水肥的使用日趋成熟，施肥已经成为保证作物高产的重要措施。当时的人们已经意识到，足够的水肥是农作物生长的必备条件，在播种前、生长中和采摘前都要适时补充水肥。比如在《卷三·种葵第十七》中就明确了在播种前需要深挖园土，将熟粪和土壤对半混匀作为播种的基底，在播种后，再覆上 1 寸（约等于 3.3 厘米）厚的混匀的肥土，这样就可以保障葵菜的生长。而《卷三·蔓菁第十八》中关于蔓菁的种植，则建议将旧墙垣的土作为肥料施用到田地中。这些将肥料应用于蔬菜种植的做法，大幅提高了蔬菜产量。

西湖本有讀書堂行筐
摘蔬佐墨香瓜係揩臣
前車拗晃真探顧守母
瓜菜嬉茄与具桹
丁寧淡味勝佳脓竹宏
重秦玉經匀為利颊知
令俗味淡渴養玩三蔬
睥居平淡晃養玩三蔬
可如書圖竹農務将句
逐彩能棄書
庾子養義義甲戌頟
再題

元代钱选的《三蔬图轴》。土坡上有茄子一株，果实垂坠，一旁瓜藤盘桓，另有白菜一棵

—

莼菜:
让人辞官归乡的 "美味"

　　在中国历史上,有很多蔬菜出现在文学作品当中,比如豪气浪漫的 "莼鲈之思" 就说到了莼菜。莼菜为何成为文人墨客的心头肉,今天的莼菜又为何没有继续活跃在菜市场里呢? 让我们回顾历史,来看看莼菜的发展吧。

文人墨客的心头肉

自古以来，中国人就没有把莼菜当作一种花卉植物来看待，莼菜进入人类生活的第一站就是厨房。中国人吃莼菜的历史堪称久远，早在 1800 年前的魏晋时期，人们就开始采摘水中的莼菜用作汤羹的原料了。

虽然有些观点认为，春秋时期的中国人就开始吃莼菜了，并认为在当时的山东曲阜周边也生长着莼菜。但实际上，莼菜的分布区一直局限在黄河以南，核心区域在吴越之地。

江南人有多爱莼菜？《晋书·张翰传》中记载："翰因见秋风起，乃思吴中菰菜、莼羹、鲈鱼脍，曰：'人生贵得适志，何能羁宦数千里以要名爵乎！'遂命驾而归。"从文中我们看到，张翰这哥们儿为了吃菰菜、莼菜和鲈鱼，竟然直接辞官回乡了！

除了上面"莼鲈之思"的典故，还有《世说新语·言语》中记载的王武子把千里湖出产的莼羹与北方的羊奶酪相提并论的故事。此外，历史上还留有唐宋文人白居易、苏轼、陆游先后赞美莼菜的诗句。实际上，莼菜并没有什么特别的滋味，如果没有调味料，它就是寡淡无味的叶子而已。但是，吸引众多食客的不只是它的味道，更重要的是那种嫩滑的口感。

嫩滑的秘密

我第一次拿到莼菜罐头的时候有些迟疑——罐头里的东西竟然是黏糊糊的。这黏液是添加剂吗？对人体有害吗？其实，这并不是添加剂，而是由莼菜自身分泌的多糖和蛋白质共同组成的。

很多食物中都有黏糊糊的物质，但是不同的食物其成分也不尽相同。说起黏糊糊的东西，我们最熟悉又最容易接触到的大概要算鸡蛋清了。这黏糊糊、半透明的液体，不仅可以为我们补充蛋白质，还可以用作黏合剂，修补皮鞋上的小裂口。大概是因为鸡蛋清的形象深入人心，于是很多朋友只要碰到黏糊糊的物质，就本能地认为它含有蛋白质，众多商家在做广告的时候，也都会说自己的蔬菜富含蛋白质和氨基酸。

但是，在大多数情况下，植物体内的蛋白质含量，特别是叶片中的蛋白质含量并不充裕。那些黏糊糊的物质，其实并不是蛋白质，而是多糖。

前面已经提到，多糖是一类特殊的糖类物质。与可以完全溶解于水中的蔗糖、果糖和葡萄糖相比，植物的多糖虽然也愿意与水亲近，但它们却无法在水中消失，而是会让水变成像蛋清一样的黏稠溶液。

同为黏糊糊的物质，多糖和蛋白质有很多不同。比如，蛋白质可以被人体消化吸收，而多糖并不能被人的肠胃直接消化吸收。所以这些可以穿肠而过的物质还有一个外号——"明天见"物质。

不过，这并不代表多糖毫无价值。相反，随着研究的日益深入，人们发现植物多糖对于维护人体健康有着诸多功效。

茆

埤雅云淳菜
梅州府志云
蒍菁
正字通云
油蒪

思乐泮水，薄采其茆。鲁侯戾止，在泮饮酒。既饮旨酒，永锡难老。顺彼长道，屈此群丑。

——《诗经·鲁颂·泮水》

　　除了前文提到的多糖可以促进肠胃蠕动，成为肠道细菌的食物，多糖还具有很好的吸水膨胀性。当多糖与水亲近的时候，多糖会互相连接形成网状结构，网格间会储存许多水分子。当我们吃多糖类食物的时候，其实吃下的更多是水分，这对于容易摄入过多营养的现代人来说，是再合适不过的减重食品。

唐宋元

一

地黄求长生
白菜成霸主

盛世下的菜篮子

公元 626 年夏天，秦王李世民在"玄武门之变"
中击败了皇位的竞争对手，之后唐高祖禅让，
李世民加冕称帝，大唐盛世也正式拉开了帷幕。
随着贞观之治、永徽之治和开元盛世的相继出
现，中国进入了自汉代以来的又一段极盛时期。
国家的强大，也折射在菜园子当中。从唐代开始，
中国的菜园子又出现了哪些变化呢？

唐代的粮食与蔬菜

七月食瓜，八月断壶，九月叔苴，采荼薪樗，食我农夫。

——《诗经·豳风·七月》

战争与粮草

大唐立国初年，战事仍相当频繁。虽然完成了统一全国的大业，但周边仍有不少势力虎视眈眈。为了稳固统治，大唐采取了一系列对外军事措施，并取得了成效。如公元630年灭东突厥，635年击败吐谷浑，657年灭西突厥，660年灭百济，744年灭后突厥，747—750年征讨西域吐蕃获胜。卓有成效的军事行动，不仅要求将领和士兵奋力拼杀，也是对粮草和后勤的极大考验。所有的军事胜利，都需要充足的粮食作为支撑。战争比拼的不仅是武器，还有钱粮。"兵马未动，粮草先行"的道理放之四海而皆准。

相较于魏晋南北朝时期的粮食大衰减，唐代的粮食生产稳步发展，这不仅是因为政权稳固、生活条件有所改善，还因为那个时候的粮食生产有着得天独厚的优越条件。

充足的降水和适宜的温度，对于靠天吃饭的古代农业生产者来说实在太重要了。唐代的平均气温比现在高1～2℃。别小看这1～2℃的差别，它能决定很多野生植物的分布状态和农作物产量，甚至影响人类的种植行为。比如，唐代的四川一度成为荔枝的重要产地，而随着平均温度的下降，在之后的几个朝代，荔枝的主要产地退到岭南地区。适宜的气候条件促进了农业的发展，有了充足的粮食作为保障，大唐帝国很快解决了周边的安全问题。

· 甜瓜 ·

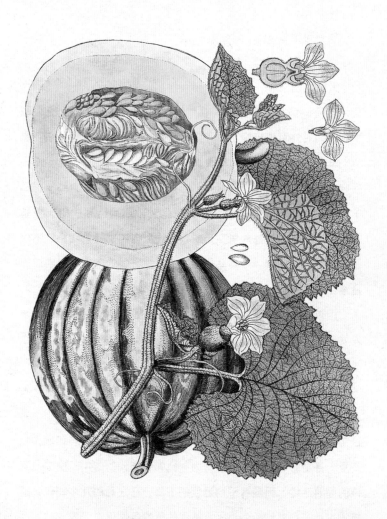

富足和强盛，是唐朝给所有中国人留下的深刻印象。

唐代的饮食

如果让大家选择一个想要穿越的朝代，相信有很多朋友会选择唐朝，因为在我们的印象中，唐代是古代中国最美好的年代之一——金戈铁马，国威赫赫，四海来朝，还有佳肴美酒。但是唐代真有如此美好吗？去唐朝就能安心地当一个吃瓜群众吗？事情并没有大家想象的那么简单。

举个简单的例子：唐代是没有馒头的，人们主要吃烤的胡饼和面条。那个时候，北方的主食大多是小米干饭。即便到了宋代出现馒头的时候，它也不叫馒头，而叫"炊饼"。到了吴承恩先生的年代，人们才普遍叫它"馒头"。

就连吃瓜也是个问题。今天我们在夏日最常吃到的西瓜，在唐代可能算是奇珍异果。在唐代之前，压根儿就没有关于西瓜的任何记载。到了 13 ~ 14 世纪，西瓜种植在中国才迅速发展壮大。

唐代人吃的瓜，基本上是瓠瓜和甜瓜。这两种瓜在唐代之前就已经成为中国人的主要蔬菜。人们甚至培育出专门用于食用的瓠瓜，这种瓠瓜几乎没有空腔，可以专吃果肉。将瓠子晒干、泡发，既解决了储藏菜品的问题，也解除了葫芦素毒性的威胁。至于起源于非洲的甜瓜，则先被带入印度，后来才传入中国，中国人在至少 4000 年前就开始吃甜瓜了。《诗经》中所说的"瓜"就是甜瓜。而且，中国人还培育出专门的菜用品种——越瓜，将其当作蔬菜和酱菜原料来食用。

地黄:
退出菜园的野菜

　　"地黄"这个名字，相信很多朋友是从中药里知道的。很难想象，唐代的人们曾经试图将其驯化为蔬菜。今天，我们在菜市场已经看不到地黄了，因为它在唐代就已经慢慢退出菜园，重新成为野菜。但是，唐代人为什么曾经对这种植物情有独钟呢？

备受追捧的"神药"

在《神农本草经》中，地黄被列为上品，其中记述："逐血痹，填骨髓，长肌肉。作汤，除寒热积聚，除痹。生者尤良。久服，轻身不老。"这把地黄一下子推到了仙药的位置。到了魏晋时期，地黄与玄参、当归、羌活并称"四大仙药"，成为求仙问道人士的必备佳品。至唐代，地黄甚至成了驱赶怪虫妖物的神药。在刘禹锡的记述中，病人吃了地黄就能吐出身体里的妖怪，疾病就能痊愈。顶着如此多神奇功效的光环，地黄被大家追捧也就在情理之中了。

退出蔬菜的行列

到了宋代，随着人们对求仙问道的热情衰退，地黄也逐渐淡出了菜园子，只存留在郎中的药箱里了。本来已经被驯化成蔬菜的地黄，为何退出了蔬菜队伍呢？这主要有两个方面的原因：一是地黄的产量和

湖北地黄整株被柔毛，叶片边缘有不规则圆齿。花呈淡黄色，外部长有白色柔毛

味道始终不尽如人意，其产量无法与其他蔬菜相提并论，微酸和微甜当中还带着一股浓浓的药味；二是套在地黄身上的光环逐渐淡去。这两个因素叠加在一起，最终让这种植物回归山野。

如今，地黄已经成为城市中的野花，我们如果仔细观察地黄的花朵，就会发现它的花瓣上有很多条纹。这些条纹是针对传粉昆虫的蜜导。我在前面讲堇菜时就谈到过这个有趣的知识点（详见 7～8 页）。

在传粉昆虫吮吸花蜜的时候，昆虫背上就会沾上位于花冠管上方的雄蕊的花粉。当昆虫去另一朵花中寻找花蜜时，就会把花粉转移到这朵花的柱头上，从而帮助地黄"传宗接代"。

对于帮助传播花粉的动物，地黄很是慷慨，准备了大量的花蜜。这些花蜜也成了我们童年时解馋的小零食——使劲吮吸地黄花朵，嘴里都是甜蜜的滋味。这也算是地黄留给现代人的味觉记忆吧。

此地黄非彼地黄

在给植物起中文名的时候，人们通常会参考熟悉的植物，比如把番茄叫作"洋柿子"，芭乐叫作"番石榴"，"毛地黄"自然也是如此得名的。

与番茄和柿子并无直接联系一样，地黄和毛地黄也是完全不同的两种植物，它们只是拥有相似的花朵而已。也正因为有相似的花朵，它们都被归在了玄参科当中。更有意思的是，毛地黄的花朵上没有毛，而地黄的花朵上倒是长满了茸毛。

毛地黄别名德国金钟、洋地黄，原产自欧洲。
花冠内部有斑点，先端有白色柔毛

相对于颜色略显土气的地黄花朵，毛地黄的花朵就要张扬得多了。不仅花序高大挺拔，花朵的颜色还非常艳丽，红色、粉色、白色、黄色、紫色，应有尽有。特别是在密集种植的场合，那些铃铛一样的花朵密密麻麻地簇拥在一起，热烈的气氛扑面而来。

然而，毛地黄并不像地黄那么温和，其整棵植株都有毒，主要有毒成分是强心苷。听到"强心苷"这个名字，你是不是觉得有点儿奇怪？从字面上看，这应该是增强心脏能力的呀。强心苷确实可以使心肌兴奋，增强心肌的收缩力，改善血液循环，减慢心率。这些听起来似乎都是好事儿，但事实却并非如此简单。心脏与发动机的运作原理类似，如果超出自身的负荷，最终就会"罢工"。

值得注意的是，毛地黄类药物的治疗剂量与中毒剂量之间的差别很小，一般认为治疗剂量约为中毒剂量的 60%，为致死剂量的 10% ~ 20%，所以这类药物很容易导致中毒。并且，毛地黄的毒性物质可以在人体内蓄积一段时间。这真不是什么好玩儿的事情。

所以，欣赏一下毛地黄的美丽花朵就好，亲密接触就算了。

中国烹饪方式的演变

　　正如很多人认为的那样，唐朝是古代中国最开放的王朝，在这一时期，东西方文化得到了最大程度的交流和融合。唐朝与宋朝也是中国烹饪方式转变的时期，粗放型的烤和煮，变成了精细化的煎、炸、炒。而烹饪方法转变的背后，是炊具材料和薪炭燃料的变化。中国最早的烹饪方法就是烤和煮，如果要在这两种烹饪方法中选出一种更古老的，那无疑是烤了。北京周口店北京人遗址中就发现了用火的痕迹，这说明在远古时期，烤已经是古人类处理食材的一种方法了。

　　附带说一句，很多朋友认为，烤的最大作用是帮人类解决食物的安全问题，这是不够准确的。火确实能杀灭寄生虫和病菌，让食材更安全，但火更能去除植物性食材的毒素，还能让不易吸收的五谷变成可口的餐食。相对来说，火对于拓展植物性食谱更有价值和意义。

　　只不过，用火直接烤植物的籽粒并不容易，于是煮这种烹饪方式就出现了。

中国人认为熟食更加安全。图为明代陈洪绶的《餐芝图》（局部），图中的童子正在烹煮灵芝

煮的历史也比大家想象的久远。最早的时候，人们会在地上挖一个坑，垫上宽大的叶子，然后在坑内的叶子上放食材和水，最后把烧红的鹅卵石投入坑里，凭借石块的热量，将食材煮熟。今天吃的石烹牛肉，就是这种做法的延续。但这种做法热传导率不高，而且每顿饭都要烧石头也是非常麻烦的事。

后来，我们的祖先发明了陶器。用黏土烧制的器皿可以直接放在火上加热，大大方便了厨师的操作，提高了工作效率。但是，陶器的热传导率有限，于是出现了青铜鼎这样的特殊炊具。不过，青铜鼎主要用作礼器，炊具的主力仍然是陶鼎。

当然了，还有一种处理食材的方法，就是不处理，直接生吃。所谓的"脍"，就是切得很薄的肉片，用于生食。孔子说的"食不厌精，脍不厌细"，就说明这是当时很重要的食用方式。

再后来，煮这种处理方法也出现了问题：一是煮不太适合过于细小的食材；二是在水质不太好的情况下，煮出来的食物并不好吃。于是，蒸这种烹饪方式应运而生。蒸，既可以尽量避免食材接触水中的杂质，还可以在蒸的同时利用下面的水来煮其他食物，可谓一举两得。

蒸的历史也很悠久，先秦时期，中国人就发明了"甗"（yǎn）这种特别的炊具。甗其实是由两部分组成的：下半部分叫作鬲（lì），用来煮水或煮食物，一般有三足，三足间可烧火以加热；上半部分叫作甑（zèng），可放置食物，甑底设有穿孔的箅（bì），以方便水蒸气通过。

自从有了这些炊具后，中国人的餐桌开始丰富起来，蒸、煮、

商代后期的孚父癸甗，通高 48 厘米，宽 32.5 厘米。因器内有铭文"孚父癸"而得名

烤和脍在很长一段时间里都是中国主流的烹饪方式。唐宋之后，炒菜开始逐渐兴起。这时候，有两个重要的烹饪条件出现了：一是铁锅的出现，二是植物油的兴起。

对于烹饪器具的材料而言，铁毫无疑问是最合适的，原因主要有三：第一，铁的热传导率高，用砂锅煮东西和用铁锅煮东西差别立现；第二，铁的安全性有保障，即便生锈也没有问题，而生锈的铜制品就存在一定的安全隐患；第三，最关键的一点就是铁的产量较高，虽然银器热传导率更高，安全性也很好，但是银太贵，显然普及不了。

唐代以前，虽然铁制工具和兵器都已经普及，但基本状态都是"好铁用在刀刃"上。到了唐代，随着冶炼技术的发展，已经开始有多余的铁可以用于制作厨具。同时，随着人口的增加和城市的发展，烹饪燃料的获取成为亟待解决的问题，特别是生活在城市里的人，如果用蒸、煮等烹饪方式，买柴也会买到心疼啊。于是烹饪快速的炒，在一定程度上解决了这个问题。

另外，对于肉量较少的烹调，炒这种烹饪方式也更加友好。刘朴兵先生在 2010 年出版的《唐宋饮食文化比较研究》中写道："二三两肉炒盘菜，但是二三两肉要用来烤，那就很难搞了。"这个观点不无道理。

到了宋代，植物油脂的加工技术进一步发展。同时，在气候寒冷之时，燃料供给的压力进一步加大，这也极大促进了炒这种烹饪工艺的发展。于是，从宋代开始，炒菜成为中国人饮食中不可或缺的一部分。

一口大锅里不仅有食材，还有中国人满满的生活智慧。

大白菜:
接替葵的"百菜之主"

　　从唐到宋,菜园里的主力蔬菜变化不大。不过,值得注意的是,称霸古代餐桌上千年的"百菜之主"——葵的地位受到了挑战,一直隐忍在葵之后的"第二集团"开始发力,蔓菁、萝卜、菘、芥菜争相挑战其霸主地位。到了元代,大白菜横空出世,取代葵成为新的"百菜之主",并一直延续到了今天。

芸薹的演变

大白菜是十字花科芸薹属芸薹种大白菜亚种，从分类学来讲，大白菜与既可以当菜又可以当主食的蔓菁是一个物种。

最早栽培的芸薹，在不同的选择条件下分化出完全不同的物种。在北方，以根茎为食用部位的蔓菁早已成为常规的蔬菜，帮助古代中国度过一个个艰难时期。在唐代的南方，以叶片为食用部位的芸薹类蔬菜也出现了，首先出现的是菘。至于菘这个名字，据说来源于它在寒冬之中的坚毅品格，北宋的陆佃在《埤雅》中写道："菘性凌冬不凋，四时常见，有松之操，故其字会意。"显然，陆佃没有见过一场大雪掩埋白菜地后的惨状，才得出白菜耐寒的结论。这也难怪，当时菘菜只分布在长江流域，所以也碰不上什么大霜雪。

在随后的 800 多年里，菘菜一直在江南的土地上顽强地变化着。宋代，菘的品种已经十分丰富了，这当中有叶片宽大甘美的牛肚菘，有叶片又圆又大的白菘，还有味道微苦、独具风味的紫菘。不过我们今天见到叶片层层包叠的大白菜还没有出现。

实际上，这一时期的菘像极了我们现在非常熟悉的上海青。这些在园艺上被称为"普通白菜"（有别于大白菜）的品种，在南方一年四季都可以种植，所以至今仍然是南方蔬菜的一支主力军。不过，上海青这样的白菜不耐储存，也忍受不了北方冬季的严寒，所以至今都没有成为北方蔬菜的主力。

菘与蔓菁的关系

其实在这个阶段，中国人还注意到了菘与蔓菁的关系，因为被带到北方种植的菘种，经常出现有趣的变化。唐代《新修本草》中记载："菘菜不生北土。有人将子北种，初一年半为芜菁，二年菘种都绝；将芜菁子南种，亦二年都变。土地所宜，颇有此例。"但是，这种观点曾被明代学者徐光启质疑，因为他在自己家的小菜园里做了实验，结果发现蔓菁就是蔓菁，菘就是菘，根本就不会产生变化。那么谁的说法是对的呢？

其实，上面两个说法都是对的，只是他们面对的蔬菜品种发生了变化。在唐代，菘的选育仍在进行中，这一时期可以视为吃块根和吃叶片的过渡阶段，这时混成的种子种到不同的地方，自然会被当地气候筛选。最终，偏向蔓菁的品种在寒冷的北方存活下来，而偏向菘的品种在温暖的南方存活下来，在气候差异很大的两地的选择中，出现明显变化是可以理解的。至于徐光启的说法，也没有错，只是他实验用的种子是经过近千年选育之后的结果，这个时候不管是蔓菁还是菘菜，农艺性状都已经相当稳定了，想要发生大的改变几乎是不可能的事情。

大白菜的名字最早出现在元代。经过几百年的培育，菘的一个分支——牛肚菘走上了向大白菜转变的道路，它的散生叶片慢慢聚拢成了一个花心，形成花心大白菜，花心越聚越紧，形成舒心大白菜，最后干脆变成了一个叶球，即卷心大白菜。面对如此

宋代徐古岩的《寒菜图》

出色的蔬菜，北方人民自然是不会置之不理的，于是，经过一代代人的引种改良，终于让大白菜适应了北方的凉爽气候。

与此同时，北方大白菜的储藏技术也有了长足进步，我们的园艺学前辈发明了一个重要的储藏方法——窖藏。窖藏方法的出现，让大白菜真正成为北方越冬蔬菜的核心成员。这个方法的重要性堪比今天的温室大棚，如果没有它，我们可能还在啃那些难吃的蔓菁根呢。这个发明的另一大作用，就是进一步强化了白菜的一个特征——白。因为在窖藏状态下，白菜的叶绿素会降到极低的水平，剩下的只有白秆、白叶了。

可以说，蔓菁直到明代才完成了从块根蔬菜到叶用蔬菜的蜕变，最终成为今天我们熟悉的"百菜之主"——大白菜。

甘蓝家族：
从吃叶子到吃花

　　甘蓝这个物种绝对是多面手，在菜市场里，卷心菜、花椰菜、西兰花、罗马花椰菜和茎蓝等，都是甘蓝的不同变种，只不过供人食用的部位和形态不同而已。甘蓝进入中国之后，凭借对冷凉气候的适应性以及可以持续生产的特性，迅速在大江南北蔓延，成为中国人餐桌上的主力蔬菜。

卷心菜：优秀的越冬能力

卷心菜的祖先——甘蓝原种分布在地中海到北海沿岸，其叶片通常是散开的，如同常见的小白菜，只是因为基因的变异，才出现了卷心的现象。对植物来说，这本来是种可有可无的变异，但对人类来说却非常重要：一来提高了储藏性能，二来可食用部分也大大增加了。

卷心菜进入中国后便成为一种重要的蔬菜。在北方，春、夏、秋三季都能种植、收获卷心菜；在稍温暖的南方区域，冬天也能出产卷心菜。这就大大填补了本土主力蔬菜（如大白菜、萝卜）只集中在秋季上市的缺陷。直到今天，卷心菜仍然是我们餐桌上的基础蔬菜品种。

卷心菜引入中国的时间暂时没有定论，很多古籍和地方志书中都记录了卷心菜进入中国的可能路径。明嘉靖四十二年（1563年）的《大理府志》中就有关于"莲花白"的记录。清康熙年间方式济所著的《龙沙纪略》中记载："老枪菜，即俄罗斯菘也，抽薹如莴苣，高二尺余，叶出层层删之，其末层叶叶相抱如球……割球烹之……"清嘉庆九年（1804年）成书的《回疆通志》中也记载了莲花白。1848年刻印的《植物名实图考》中出现了最早的甘蓝（卷心菜）形象的插图。无论如何，卷心菜在很短时间内就凭借出色的抗寒特性，成为中国菜蔬的主力成员之一。

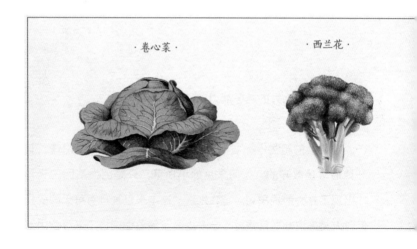

·卷心菜·　　　　　·西兰花·

西兰花和花椰菜：谁是原始的菜花

　　除了卷心菜，甘蓝家族中特别出彩的蔬菜要数西兰花和花椰菜（俗称菜花、花菜）了。不管是花椰菜还是西兰花，我们吃的都是其膨大的花序轴。只不过花椰菜的幼嫩花蕾更为特别，比西兰花的更多、更密，颜色是白色的。这些花蕾还没变成完整的花朵就被端上我们的餐桌了。

　　最早的花椰菜其实是一种木立花椰菜，这种甘蓝的花葶（无茎植物从地表抽出的无叶花序梗，形似茎而非茎）已经非常膨大、显眼了。也许最初种植甘蓝的农夫没有及时收获甘蓝，只好吃甘蓝的花朵，没想到这些膨大的花葶吃起来别有风味。

　　在后来的培育中，逐渐出现了青绿色的花椰菜，也就是中国市场上常见的西兰花。很多朋友可能认为西兰花是最近才出现的新品种。其实，这就是一种在花椰菜演化过程中的中间状态。

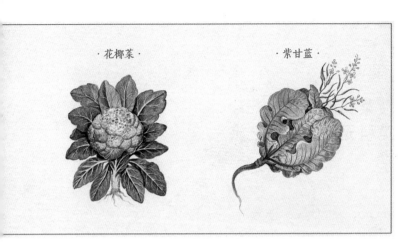

·花椰菜·　　　　　　·紫甘蓝·

　　我们在西兰花身上仍然可以看到明显的花蕾，虽然这些花蕾细如针头，但是如果仔细观察，就会发现它们有着非常精致的花萼。只要把西兰花泡在水中，用不了多长时间就能看到它们的花朵绽放。只是开了花的西兰花就不堪食用了。

　　随着培育工作的不断进行，在西兰花中出现了一些花蕾发育迟缓，连花葶都变成乳白色的花椰菜。最初的花椰菜花葶分枝比较稀疏，在随后的培育过程中，花葶逐渐变得紧实、集中，于是就变成了我们今天看到的花椰菜。

　　至于宝塔菜花，它在花椰菜的基础上又向前走了一步——每个小花序都变成了宝塔状。因为宝塔菜花是在意大利培育出来的，所以又有"罗马花椰菜"之称。在这种菜花的身上，我们看到了一种特别的形象。那种特殊的分形图案，不仅给餐桌增添了乐趣，更为研究人员理解植物的生长行为提供了重要材料。

菠菜和甜菜：
苋科兄弟的中土之旅

　　中国有句古话："龙生九子，各有所好。"说的就是即便是亲兄弟，在长相和习性上也有很大的差别。在蔬菜的世界里，这种情况也相当常见，比如榨菜和圆白菜都是十字花科的成员，生菜和洋姜（菊芋）都是菊科家族的成员，但是它们无论在相貌，还是在味道上，都相去甚远。在蔬菜圈里，要论"兄弟相见不相识"的典型代表，那还得是菠菜和甜菜。

菠菜为什么叫菠菜

虽说"菠菜"这名字听起来就是中国的蔬菜，但它真不是中土原产之物，我国在唐代之前都没有关于菠菜的记载。菠菜的老家在波斯，也就是今天的伊朗及其周边区域。至于菠菜的名字，有个说法就认为它来源于"波斯菜"。

曾经有学者认为，菠菜是张骞出使西域的时候带回中国的，不过没有证据支持这种说法。如今学界比较认可的传播路径是：菠菜先由波斯传入印度，大约在公元 647 年的时候，才经尼泊尔传入中国。也就是说，至少在唐代的时候，菠菜才成为中国人喜爱的蔬菜。

刚到中国的时候，菠菜的名字还是菠薐菜，这大概跟印度对菠菜的叫法有关系。至于菠菜这个名称，到明代才出现，李时珍在《本草纲目·菜部》中记载："菠菜、波斯草、赤根菜……甘，冷，滑，无毒。"这是我国关于"菠菜"这一名字最早的正式记录。

不管怎么说，菠菜都是对中土蔬菜的一个重要补充。这种苋科植物生性耐寒，每到深秋时节，众多草木已经枯黄时，菠菜依然能为我们的餐桌提供肥厚翠绿的叶片。菠菜也是初冬时节最常见的一种蔬菜，每年冬天总能看到菜摊儿上堆满了大捆的菠菜。

菠菜和萝卜都是常见的蔬菜

维生素和矿物质的储备库

说实话，对于孩子而言，菠菜并不是一种受欢迎的蔬菜，这不仅是因为它的青草味儿，还因为那种时常会出现的土腥味儿。不过，有一部动画片改变了很多"80后"朋友对菠菜的看法，那就是《大力水手》。在这部动画片里，主角大力水手每每遇到危机，总会打开一盒菠菜罐头，一吸（真的是吸的！）而尽，然后他就能变身为超级战士，战胜坏蛋。菠菜的神秘力量一直是我们这代人珍贵的记忆。于是大吞菠菜的事情时有发生，只是没人能真正变身为大力水手。

虽然菠菜不是超人药丸，但是它的营养的确很丰富。

同很多绿叶蔬菜一样，菠菜中含有大量铁元素和胡萝卜素。

每 100 克菠菜的铁元素含量可以达到 2.71 毫克（每 100 克大白菜的铁元素含量是 0.5 毫克），β-胡萝卜素含量可以达到 5.626 毫克。这也不奇怪，因为铁元素和 β-胡萝卜素都是光合作用过程中重要的化学物质。胡萝卜素一方面承担着吸收光能的任务，同时也担负着过滤过多高能量光线、保护叶绿体的使命，而铁离子则在光能转化为化学能的过程中发挥着重要作用。这就不难理解为什么菠菜中铁元素和胡萝卜素的含量高了。

值得注意的是，菠菜中还有大量的钙元素（每 100 克菠菜含 99 毫克钙），但这些钙很难被人体摄取（我们只能吸收菠菜中大约 5% 的钙）。而西兰花中的钙元素含量（每 100 克含 47 毫克钙）虽然没菠菜高，人体却能吸收其中的一半。道理很简单：菠菜中还有大量草酸，它会影响人体对钙的吸收，甚至可能引起人体内钙质的流失。这也是目前菠菜常受诟病的一个原因。

草酸钙迷局

草酸是植物自身合成的一种有机酸，也叫乙二酸。其酸性虽然比硫酸和盐酸要弱一些，但是在有机酸里也是数一数二的强酸了。它的酸性可以达到醋酸的 10 000 倍。正是因为其较强的酸性，草酸也可以被用来去除锈迹。不过，草酸对人类的危害不在于它的酸性，而在于它与钙元素结合的能力。

草酸可以溶解于人体的消化液和血液之中，如果与人体内的钙离子结合，就会生成难溶于水的草酸钙。如果我们吃下大量草酸，这些草酸就会与食物中的钙离子结合，形成沉淀，从而影响我们对钙元素的吸收，引发慢性缺钙。

进入血液的草酸甚至会与血液中的钙离子结合，这不仅影响到人体对钙的利用，严重时还会引起功能性低血钙抽搐，甚至急性草酸中毒。更麻烦的是，这些草酸钙沉淀会慢慢聚集到肾脏和膀胱里，产生让人挠头的肾结石和膀胱结石。严重者，这些结石会堵塞肾小管，引起血管破裂，导致无尿症甚至尿毒症。

正是因为草酸，菠菜变成了一种危险的蔬菜。还有人声称，菠菜和豆腐同吃，更是毒性翻倍，因为豆腐里面含有丰富的钙元素，它可以与菠菜中的草酸结合，产生草酸钙，继而引发结石。其实，这种说法并不科学。就像前面说的，结石主要是由血液中所含的草酸引发的，如果菠菜中的草酸跟豆腐中的钙结合，就会以沉淀的形式通过消化系统顺利排出体外，几乎不可能进入血液，又怎么会引发结石呢？

当然了，减少草酸的摄入量对健康还是有好处的。因为草酸易溶于水，所以把菠菜先用水焯一焯就会安全许多。还有一点需要注意：再好的食物都有适宜的摄入量，增加饮食的多样性才是保障健康的黄金原则。

甜菜的低调发展之路

作为菠菜的兄弟，甜菜的出场频率要低很多。

今天我们看到的甜菜，都是一副萝卜的模样，但它跟萝卜没什么瓜葛。要论身份，甜菜同菠菜是一家的，它们都是苋科家族的成员，所以甜菜有菠菜味儿也就不奇怪了。需要特别指出的是，

· 甜菜 ·

在甜菜的老家——地中海沿岸，最原始的栽培甜菜其实并没有萝卜那样的大块根，最引人注意的其实是它的叶子。公元前 800 年，甜菜最早出现在亚述人的文字记载之中，当时的古巴比伦人把甜菜当作空中花园的观赏植物，希腊人则把甜菜当作贡品献给光明之神阿波罗，而罗马人把甜菜当作缓解发热的镇静药物。

19 世纪之前，甜菜在西方的餐桌上一直都是配角。它的食用方式也很简单，要么生吃，要么煮熟了吃。吃的部位就是甜菜的根，如同我们今天看到的干人参，几乎没有勾起人欲望的资本。

与此同时，进入中国的一小支甜菜倒是获得了更多关注。说来有趣，甜菜进入中国的时间非常久了。南北朝时期陶弘景撰写的《名医别录》中记载："蒸菜，味甘、苦，大寒。"可见当时甜菜已经作为药物和食物出现在中华大地上了。在唐代的《新修本草》中，甜菜变身为一种"叶似升麻苗，南人蒸炮又作羹食之，亦大香美"的特别蔬菜。这个时候的甜菜还是蔬菜，不过，在明代之后，随着大白菜等其他新兴蔬菜的出现，甜菜几乎被赶出了菜摊儿，降格为牛羊的饲料。

肯定没有人会想到，两百多年后，甜菜会以全新的身份登上人类的餐桌，并且成为现代食品工业的重要支柱。

意外出现的糖料

真正意义上的糖料甜菜出现在 18 世纪末的欧洲。1747 年，德国化学家马格拉夫从甜菜中提取出了一种有甜味的白色晶体，经过反复实验后，他证明这种晶体就是蔗糖，与从甘蔗中提取的

甜菜的肉质根

蔗糖一模一样，只是当时实验用的甜菜对于制糖几乎没有什么价值，因为其蔗糖含量只有 1.3% ~ 1.6%。不过马格拉夫的学生阿恰德没有放弃，他测定了 23 个不同甜菜品种的含糖量，并选出了含糖量最高的一个品系。随后，德国人在这个品系的基础上，培育出了所有现代糖料甜菜的鼻祖品种——白色西里西亚。虽然这个品种的含糖量也只有 6%，但已经数倍于叶用品种了，这让用甜菜制糖成为可能。1801 年，阿恰德在德国建立了世界上第一个甜菜制糖厂。

甜菜的出现，为喜爱甜蜜滋味的人提供了新的选择，更为温带地区的甜品嗜好者带来了福音。因为欧洲大陆几乎没有可以种

用甜菜糖制作的甜品

植甘蔗的地方，在甜菜发展之前，欧洲的糖几乎都来自加勒比海地区。有一位重要的人物极大地推动了糖料甜菜的发展，他就是拿破仑。

糖料甜菜出现的时间，正是英法两国激战正酣的时候。英国人仗着强大的海军，切断了法国人运送糖的海上通道。但是，日子总要过，白糖总得吃，甜菜就成了解决法国人缺糖问题的救星。为此，拿破仑特别设立了一所研究甜菜的学校，并划定了 28 000 公顷的土地专门种植甜菜。天时、地利、人和，甜菜产业得以迅猛发展。1840 年，全世界只有 5% 的蔗糖来自甜菜，到了 1880 年，这个数字猛增到 50%。虽然后来甜菜糖的市场占有率有所下降，但仍然能与甘蔗并驾齐驱，甜菜支撑着俄罗斯、德国等温带地区国家的蔗糖供应。

红尿元凶

今天我们再谈起甜菜的时候，已经很难想象这些植物本应以蔬菜的身份出现在我们的餐桌之上。还好我们仍有机会品尝到甜菜的特别滋味。出现在餐桌上的甜菜通常是红色的。这种红色不同于番茄的红色，也不同于草莓的红色，而是一种略带炫目感的红色。这种红色就来自甜菜中的甜菜红素。

番茄中的番茄红素只能溶解在油脂中，而甜菜红素可以溶解在水中。这点倒是与草莓中的花青素性质相仿。如花青素一样，甜菜红素的颜色也会随酸碱度变化：当处于中性和酸性环境（pH值为 4.0 ~ 8.0）时，甜菜红素呈紫红色；当处于碱性环境（pH值在 10.0 以上）时，甜菜红素就会变成黄色。另外，甜菜红素不耐高温，在 100℃下加热 15 分钟，它就会褪去靓丽的紫红色，变成黄色。

除此之外，甜菜红素还有一种魔力，那就是它能通过人体吸收和代谢进入尿液之中。于是，在食用大量甜菜之后，人体很容易产生特殊的红尿现象。这个时候千万不要惊慌，只要足量饮水，加速代谢，尿液很快就会恢复为正常的颜色。顺便说一下，红心火龙果和枸杞中也含有大量甜菜红素，所以如果大量摄入这些食物，也有可能引发红尿现象。

就像其他天然色素一样，甜菜红素也受到越来越多的关注。其不耐高温的特性使它在各种冷加工糕点里依然有广阔的发展空间，也许哪天你吃到的紫色蛋糕就是用甜菜红素染制而成的。

蔬菜中的药味儿和泥土味儿

蔬菜的味道千差万别，不同人有不同的爱好，但是就大众口味而言，蔬菜有两大类气味不受待见——药味儿和泥土味儿。

药味儿，或者说中药味儿，是中国人特别熟悉的一种特殊气味。那么，究竟什么是中药味儿呢？

中药味儿是一种很难确切定义的气味。通常来说，它与各种药草的挥发性成分有着直接关系。有一些气味浓烈的药草可以用来定义中药味儿，如唇形科植物、伞形科植物和菊科植物。

唇形科植物以薄荷、紫苏和香薷为代表，它们分别所含的薄荷醇、紫苏醛和香薷酮，以及共同含有的倍半萜烯，使这些香草拥有介乎薄荷和孜然之间的一种特别气味。通常来说，唇形科植物散发的药味儿还比较容易让人接受。

伞形科植物的气味，基本上以香菜、芹菜、茴香和孜然的气味为代表。这种气味主要来自特别的烷类（如壬烷、癸烷、环癸烷）、醛类（如癸醛、十一醛）和萜烯类化合物（如月桂烯），这些化合物共同组成了特别强烈的香草气味。这种气味很容易让人联想到肉类菜肴，因为这些植物经常会被用作烤肉和炖肉的调料。白芷和独活有着更典型的药味儿，但它们的气味大体与前述几种植物的基调相同。

至于菊科植物的气味，比之前面两类植物有过之无不及。其中，最典型的就是艾草的气味，因为它含有桉叶油、α-石竹烯、萜品烯、松油烯、樟脑等成分。清冽的艾草味儿就是各种菊科植物的基调。

如果只是单独一种气味，人们尚可接受；但不同的气味混合在一起，那可真成了一锅粥，再加上一些有着木质气味的药草，浓郁的中药味儿就出现了。

除了中药味儿，蔬菜中的泥土味儿也是让人抗拒的因素之一。其实，泥土味儿并不是泥土本身的味道，而是泥土中的放线菌制造出来的。放线菌生活在土壤中，是一类特殊真菌。在寒冷干燥的冬季，放线菌会停止生长菌丝，转而产生大量繁殖用的孢子（和被子植物种子的功能类似）。当春季天气暖和时，随着雨水的冲刷，孢子会被上升的湿润空气带出来，产生一种叫土臭素的挥发性物质。这些土臭素正是"泥土味儿"的来源。一些土腥气很重、让人抗拒的蔬菜，比如菠菜和甜菜中的土腥味儿，正是土臭素的杰作。

以前，研究人员认为甜菜和菠菜等植物很容易被放线菌入侵，从而产生一些难闻的味道。但是最近的研究显示，甜菜本身也可以产生土臭素。至于甜菜为什么要合成这种物质，我们还不清楚，但这种泥土味儿确实会影响我们的胃口。也许在将来，利用先进的育种和种植手段，人类能培育出不带土腥味儿的甜菜。

VI

明清

—

世界大变革
蔬菜大融合

中国蔬菜的基础形成

从15世纪末开始，一场以寻找和占领丁香、肉桂、胡椒等香料原产地为目标的大航海竞赛在欧洲如火如荼地展开。西班牙、葡萄牙、荷兰和英国相继加入了这场竞赛。竞赛不仅使人类发现了新大陆，还促进了天文学、航海学、营养学等一系列学科的发展。当然，与本书相关的是，从美洲带回来的蔬菜，直接改变了亚欧大陆的餐桌，也给中国的菜园子带来翻天覆地的变化。

辣椒：
从美洲漂洋过海，到中国风靡四方

　　虽然今天辣味菜肴风靡神州大地，但是中国人吃辣椒的时间着实不长。辣椒原产于美洲大陆。公元前 4000 年，美洲居民已经开始种植辣椒了，而辣椒进入中国，则是 17 世纪的事情。

辣椒是一个大家族

全世界辣椒属植物有 20 多种，它们的共同特征就是五角星状的花朵和辣味的果实。辣椒属内的分类一直都是笔糊涂账。林奈老爷子最初把辣椒分为两个种：一年生辣椒和灌木状辣椒。但在最新的分类体系中，辣椒家族的种类又增加了中国辣椒、下垂辣椒和柔毛辣椒——真是一个混乱的大家族。

一年生辣椒（*Capsicum annuum*，中文正名辣椒），是世界上种植面积最广、品种最多、产量最大的辣椒。这种辣椒一直都处于草本状态，花朵都是一朵一朵孤独地着生在节上的，果实通常是下垂生长的。不过，它们的果子倒是千变万化，牛角状的青椒、指头状的尖椒、铃铛模样的柿子椒、五彩缤纷的彩椒、四川的七星椒等都是一年生辣椒家族的成员。

灌木状辣椒（*Capsicum frutescens*，《中国植物志》

一年生辣椒

黄灯笼椒

已将该种归入一年生辣椒），是强健得可以野生的辣椒。因可以多年生，茎秆木质化而得名。它与一年生辣椒最大的区别是，灌木状辣椒的节上会开出数朵花，并且果实都是朝天直立生长的。中国有名的超级辣椒都属于灌木状辣椒，比如我们熟悉的小米辣就来自这个种。另外，云南还有一种"魔鬼涮涮辣"，也来自这个种。

中国辣椒（*Capsicum chinense*），也被称为黄灯笼椒，加工后能制成我们熟悉的海南黄灯笼椒辣椒酱。但是，这种辣椒既不是来自中国，也不是"正版"的灯笼椒。所谓"灯笼椒"，在分类学上就是菜椒，如我们熟悉的甜椒和柿子椒。至于为何给它起了"中国辣椒"这个名字，只是因为 1776 年的时候，德国植物学家尼古劳斯·约瑟夫·冯·雅坎经常在中餐馆中见到厨子大量使用这种辣椒。实际上，这种辣椒的老家在美洲的热带地区。需要特别指出的是，目前世界上最辣的"断魂椒"（魔鬼椒），就是中国辣椒的后裔，其辣度超过 318 万史高维尔（辣味的单位）。

下垂辣椒（*Capsicum baccatum* var. *pendulum*）的产地在南美洲，几乎没有出过"老窝"，我们很少在世界其他地方见到这种辣椒。同一年生辣椒一样，其花朵单生在节上，只是花冠上有黄色或棕色的斑点。风铃椒就是这个种的后代，基于果实的特点，它被欧美人称作"主教的冠冕""圣诞钟声""小丑的帽子"。虽然果实产量比不上前面三种辣椒，但是风铃椒仍然是可以吃的。至于辣度，只是相当于普通青椒。

柔毛辣椒（*Capsicum pubescens*）广泛种植于安第斯山区，在美洲中部和墨西哥部分地区也有栽培，是一种具有独特形态的栽培种。这种辣椒的花朵是紫色的，明显区别于我们常见的一年生辣椒和灌木状辣椒。其黄色或橘黄色的果实质地比较硬。柔毛辣椒很少出现在中国市场上。

辣椒的漂洋过海之旅

我们今天能吃到辣椒，必须感谢一个人，那就是哥伦布。

当年，在哥伦布好不容易说服西班牙女王并取得资助之后，他的船队一路向着梦想中的印度进发，最终到达了一块陌生的大陆。在那里，他们发现了一种辣味调料，哥伦布坚信他们找到了胡椒，并将这种植物命名为"pepper"。随即，这些辣味调料被运回了欧洲。

我们如今都知道，哥伦布发现的并非印度，而是美洲大陆，至于他发现的胡椒，就是我们今天熟知的辣椒。只不过，当时哥伦布所取的西印度群岛和pepper之名一直沿用到了今天。因此，在英语中，"pepper"同时指代了来自茄科的辣椒和来自胡椒科的胡椒。

后来，随着葡萄牙人的探险活动，辣椒在16世纪真的"登陆"了胡椒的原产地——印度，并在那里生根发芽。由于印度辣椒最初的种植地在果阿附近，所以印度的辣椒有了新名字——果

胡椒

阿胡椒。辣椒在印度发扬光大，印度人将其视为与胡椒同等重要的不可替代的调味品，"冒牌胡椒"征服了真胡椒的地盘。

值得注意的是，中国人获得胡椒的难度显然要低于欧洲人。但是直到今天，胡椒在中国依然只能算是一种小众调味料，只出现在胡辣汤、醋椒鱼汤等特色菜肴之中，西餐厅里的胡椒瓶更容易让人误以为中国人接触这种调料的时间很短。反倒是来自南美洲的辣椒征服了中国人的味蕾，从南到北、从东到西，不同菜系都接受了辣椒。这是为什么呢？

辣椒的迅猛本土化

在中文古籍中，对辣椒的记载最早出现在清康熙十年（1671年），浙江的《山阴县志》第一次记录了"辣椒"这个名称，说明在有限的通商过程中，辣椒被带入了中国。辣椒在中国的传播速度远超我们的想象：1682年来到辽宁，1684年来到湖南，随后到达河北（1697年）和贵州（1722年），在雍正和乾隆皇帝统治期间，辣椒一路向西传播，光绪二十年（1894年），已经有确切的记载显示云南人开始习惯这种外来的调料了。

今天，很多学者都在探讨中国人，特别是西南地区的中国人喜欢吃辣椒的原因。其中，"辣椒有助于人体对抗潮湿天气""辣椒富含的营养元素对人体有益"，是最常被提及的两个原因。中医认为，辣椒味辛，性热，能温中健胃，散寒燥湿，发汗。简单来说，就是祛湿驱寒、刺激食欲。所以云南、贵州、湖南等地的人更愿意吃辣椒。与此同时，每100克新鲜辣椒的维生素C

辣椒，茄科辣椒属植物。株高 40 ~ 80 厘米。茎通常分枝，略呈"之"字形折曲。叶互生，枝
顶端节不伸长而成双生或簇生状。花单生，俯垂。花萼呈杯状，花冠白色。果梗较粗壮，俯垂。
果实呈长指状，顶端渐尖且常弯曲，未成熟时为绿色，成熟后为红色、橙色或紫红色，味辣。
种子呈扁肾形，淡黄色

含量高达 146 毫克，约为柠檬含量（每 100 克含 40 ～ 50 毫克维生素 C）的 3 倍。如此好的营养补充剂，自然会受到人们更多的重视。

辣椒带给我们的好处还不止于此。适量的辣椒素可以促进血液流动、胃部蠕动，以及黏液的分泌，从而修复受损的胃黏膜，还能在一定程度上减轻酒精对胃部造成的损伤。而且，辣椒素可以让血管的蛋白激酶 A 和一氧化氮合酶的磷酸化水平显著升高，同时增加血浆内一氧化氮代谢物的浓度，促使血管扩张、血压降低。这种作用跟很多降压药的原理是一样的，不过更为温和。此外，在辣椒素的刺激下，我们的嘴里会分泌更多唾液，使人能吃下更多口感粗糙的食物（如粗粮）。充足的营养和有益于健康的功能等多重优点叠加在一起，使辣椒堪称完美蔬菜。

与此同时，还有一个不能忽略的要点：辣椒对栽培环境的适应性远超胡椒。不管是西南的山地，还是江浙的平原，从广东到新疆，都可以栽种辣椒。并且辣椒种植并不需要大规模的土地，房前屋后的方寸之地就可以成为辣椒良好的栖身之所。

辣椒对人体有如此多的好处，种起来还很方便，被端上中国人的餐桌自然就毫无障碍了。辣椒与花椒（能祛避蛔虫）组合而成的麻辣风味，自然也受到了更多老饕的欢迎和喜爱。

《救荒本草》中的"野菜"

明清时期，极端天气频发。明代有记载的较大自然灾害有5263次，平均每年发生19次；清代（入关后）发生的较大自然灾害达6254次，平均每年发生23.4次。其中，黄河屡次泛滥决口甚至改道，给流域内的民生带来了灾难性的影响，这势必造成一些地区的粮食减产甚至绝收。如何度过接下来的饥荒时期，就成了摆在灾民和统治者面前的难题。朱橚（sù，1361—1425年），是明太祖朱元璋的第五子，他对医药很感兴趣，认为医药可以救死扶伤，曾组织编著了多部医学作品。

朱橚的著作中有一部《救荒本草》，但这本书的目的并非介绍各种植物的药用功效，而是介绍可以替代粮食的野菜。说白了，这本书的核心就是教人们在荒年如何依靠野生植物填饱肚子。

《救荒本草》共记录植物414种，其中草类245种、木类80种、米谷类20种、果类23种、菜类46种。它记载的救荒植物种类远远超过以往的本草类著作。

在编写本书时，朱橚相当严谨，他不单收集了民间野菜的种类和食用方法，还把野生植物移植到苗圃中，然后让画师描绘出野菜的图谱，同时亲自检验不同野菜的加工处理方法，毕竟大多数野菜都有毒性。

《救荒本草》中不仅记录了众多潜在的野菜资源，还记录了相应的处理方法。根据野菜的毒性大小，处理方法主要分为直接食用、水提法（用水蒸煮浸泡）、制粉食用、腌制食用和干制食用等。直接食用多适用于各种水果；水提法主要针对一些有异味且毒性轻微的植物，比如龙胆和莙荙菜（甜菜）；制粉食用通常适用于榆树皮这样的原料；腌制食用针对的主要是葱蒜类野菜，以及甘露子和榆钱等特殊食材；干制食用则适用于马齿苋这样的野菜。直到今天，书中提到的很多处理野菜的方法仍然适用。

除了上面这些通用的处理方法，《救荒本草》中还记载了一些处理有毒植物的特殊方法。比如利用黄土来处理白屈菜："采叶和净土，煮熟捞出，连土浸一宿，换水淘洗净，油盐调食。"但是考虑到白屈菜含有复杂的生物碱，并不建议读者朋友用上述方法来尝试处理这种野菜。

总的来说，《救荒本草》是在特殊历史条件下完成的一本特殊的实用手册。在这本书的影响下，明清时期涌现出了多部研究野菜的著作，在解决灾荒时期的实际问题上发挥了作用，也推动了中国古代本草学研究的发展。

榆钱：哄饱肚皮的植物

《救荒本草》中记载的除了草本野菜，还有很多来自木本的野菜，其中榆树就是代表性的木本救荒野菜的来源。

　　在曾入选小学语文课本的散文《榆钱饭》中，作者刘绍棠先生详细讲述了他童年时做榆钱饭、吃榆钱饭的场景："九成榆钱儿搅合一成玉米面，上屉锅里蒸，水一开花就算熟，只填一灶柴火就够火候儿。然后，盛进碗里，把切碎的碧绿白嫩的春葱，泡上隔年的老腌汤，拌在榆钱饭里；吃着很顺口，也能哄饱肚皮。"在刘先生的笔下，榆钱饭真的太香了！

榆树先开花后长叶，花呈簇生状。人们常将细嫩的翅果（果实的一种类型，因在子房壁上长出薄翅状附属物而得名）与面粉混合后蒸煮食用

要吃榆钱，一定要趁嫩、趁新鲜。嫩绿的榆钱太嫩，只有"一包水"；深绿的榆钱太老，已经有苦涩味；最适口的榆钱是粉绿色的，适合那些想要品尝"春天味道"的人。粉绿色的榆钱果实中积累的糖分比前两者都多，果皮和种子也没有过多的纤维素和木质素，所以这种榆钱是最适合食用的。

但遗憾的是，榆钱的糖分并不高，85% 都是水分，碳水化合物只占 8.5%，再加上 1% 的脂肪和 3.8% 的蛋白质，这使得榆钱远远称不上是可靠的粮食。正如刘绍棠先生所说，它只能"哄饱肚皮"。另外，垂直榆的树皮含有淀粉，磨成粉后被叫作榆皮面，可以掺和在面粉中食用，也可以作为醋的原料。这也是饥荒之年才能想出来的吃法吧。

不过，这个哄饱肚皮的榆钱，在今天却有可能成为新兴食品。毋庸置疑，现代人的大多数健康问题不是因为吃得不够，而是因为吃得太多。在高盐、高油、高脂肪、高蛋白的饮食环境下，清淡的榆钱反而显得珍贵了。榆钱中的膳食纤维可以促进肠道蠕动，还能吸附一定的有害胆固醇，将其排出体外。从这个角度讲，榆钱倒算是健康食品了。

洋槐：浑身是宝的植物

除了榆树，还有一些春季开花的植物也可以成为青黄不接时期重要的粮食补充，比如洋槐花。"洋槐"的名字，说明了它是漂洋过海而来的，它的中文正名叫刺槐。植物界的刺槐堪比动物界的鸭子。为什么这么说呢？鸭子从鸭肉到鸭舌头、从鸭肠到鸭掌，都能做成美食，甚至鸭绒也能被做成羽绒服。要说利用率最高的家禽，非鸭子莫属。而刺槐的利用率与鸭子相当，不论是花朵、叶子还是枝干，都能为人类所用。

刺槐原产于美国东部，17 世纪传入欧洲及非洲。中国于 18世纪末将刺槐从欧洲引入青岛栽培，今天它已经在中国各地被广泛种植了。

刺槐之所以在世界各地广受欢迎，其中一个重要的原因就是

刺槐

它具有极强的适应性。同很多豆科植物一样，刺槐有很强的固氮能力。与刺槐根系共生的根瘤菌，会为这种大树制造足够的氮肥，所以即便是在土壤贫瘠的黄土高原上，刺槐仍然可以茁壮成长。

而且刺槐的木材中含有大量次生代谢产物，这些物质可以让有害昆虫和微生物难以侵袭树木。虽然因为树形的关系，刺槐很少被用来做家具，但刺槐木材的热值很高，用来做燃料是非常合适的，因此刺槐在北美是常用的壁炉燃料。只是在塞进炉子之前，一定要晾晒 2 ~ 3 年，这样才能避免烟雾缭绕的事情发生。

刺槐的花是典型的蝶形花，乳白色的花朵拥有刺槐特殊的柔和香气。每朵花里都准备了大量花蜜，尽可能地吸引蜜蜂前来，这样既不会亏待这些蜜蜂，也完成了传播花粉的任务，能达成合作共赢的目的。

刺槐由于花蜜很多，在世界各地都成了重要的蜜源植物。我们吃的槐花蜜，就是从这儿来的。因此，刺槐开花的时候，也是养蜂人最忙碌的时候。

当然，对于人类来说，这些花朵也可以吃，而且刺槐的花朵不用做什么处理，直接塞到嘴巴里，就有芳香的气味散发出来。刺槐花也可以拌饭吃：把新鲜的刺槐花摘下来，用流水冲净浮土，再用白面一拌，上笼大火蒸 15 分钟，好吃的槐花饭就出锅了。加上一点儿蒜泥、陈醋和香油，当是香味四溢、回味无穷。至于广告宣传的刺槐的其他神奇功效，那就是信则灵的事。总之，开心就好。

——

苋菜：
曾经的救荒本草

　　在《救荒本草》中，有一种蔬菜被列为重要的救荒植物，在绿色蔬菜、有机蔬菜流行的当下，它更成了大众喜爱的夏季主要绿叶蔬菜之一，它就是苋菜。

半园蔬半野菜

在我幼小懵懂之时，我曾跟着外婆去工地周围挖"马尿（suī）菜"（云南方言）。与其说是挖，倒不如说是摘，因为我们只摘其嫩茎叶，老秆子是不摘的。把它拿回家洗干净，用沸水一烫，拌上油、盐、蒜末，就可以当一道小菜了。只是我并不喜欢这种菜，因为其口感略涩，粗糙的菜叶子还会拉舌头。多年后我才知道，我们吃的"马尿菜"和苋菜都是苋科苋属的成员，只是种类不同而已。

苋菜并不是原产于中国的蔬菜，它原产自印度，后来才扩散到世界不同区域。卵形的叶片，像谷穗一样的花序和果序，是苋这个家族的识别特征。从初夏起，苋科苋属的各种植物就开始在路边争抢地盘了。苋属的绝大多数植物都只是野菜，作为园蔬的苋属植物只有苋。

苋（*Amaranthus tricolor*）因为叶子呈红色，也有"红苋菜"之称。苋菜的营养中规中矩，每 100 克苋菜中有 89 克水、2.8 克蛋白质、5.9 克碳水化合物。要说苋菜有什么特别之处，可能就是那些殷红的汁水了。

"以形补形"算得上中国人根深蒂固的观念。看见棒状的就认为它壮阳，看见黏糊糊的就认为它能补充胶原蛋白，看见红红的汁液当然就觉得它能补血了。不仅是补血，人们还能把它联系到补铁上——有人理直气壮地说："要是〔苋菜〕铁质不多，它能这么红吗？"

这种说法当然是不科学的。苋菜的红其实主要来自其中的甜菜色素以及部分花青素。甜菜色素在宣传中被冠以"健康神器"之名，但是宣传大于功效。像甜菜色素、花青素、番茄红素和儿茶酚这些植物色素对人体健康是有好处的，因为这些物质都有比较强的还原性，能够清除人体内的自由基，从而降低癌症等疾病的发病率。但是，绝大多数实验结果是在体外细胞培养的实验中取得的，所以对于上述色素在人体内的真实作用仍缺乏证据。况且，食物中的甜菜色素和花青素含量甚微，比如被奉为新兴花青素来源的紫甘蓝，每 100 克仅含花青素 64 ~ 90 毫克。而在一项以小鼠为研究对象的花青素抗衰老实验中，小鼠每天要摄入剂量为每千克体重 500 毫克的花青素才会有较为明显的效果，相当于一个体重 60 千克的人一天吃 30 千克紫甘蓝。

总之，植物中的诸多色素确实有一定的抗氧化作用，但是就目前我们能够摄入的剂量和方式而言，它们并无神效。至于日后它们能不能成为新兴的保健品，甚至是药品，尚需时日来检验。

至于苋菜中的铁含量（每 100 克含 2.9 毫克），与菠菜和香菜差不多，在绿叶蔬菜中还算不错。但是相对于动物性食品，特别是动物肝脏（如每 100 克羊肝的铁含量为 7.5 毫克）等，苋菜就是小巫见大巫了。

需要特别注意的是，我们有时会见到"苋菜红"这个名字，有人说它是从苋菜中提取的，实际上并不是。苋菜红并不是从苋菜中提取的天然色素，而是一种人工合成的水溶性偶氮类着色剂，

苋的叶片颜色较杂，有绿色、红色、紫色、黄色等。人们食用的是苋的茎叶。图中的苋菜品种是雁来红

化学名称为 1-（4'- 磺酸基 -1'- 萘偶氮）-2- 萘酚 -3,6- 二磺酸三钠盐。因为有潜在的致癌性，苋菜红一直是备受争议的食用色素。美国从 1976 年起，就禁止在食品中添加苋菜红。我国《食品添加剂使用标准》（GB 2760-2014）规定，苋菜红可用于果味水、果味粉、果子露、汽水、配制酒、糖果、糕点上彩装、红绿丝、罐头、浓缩果汁、青梅等的着色，但对用量有严格控制（最大使用量为 0.05 克 / 千克）。随着新的食用色素的应用，苋菜红正逐渐淡出人们的视野。

野苋菜大家族

实际上，活跃在我们身边的苋菜并不只有红苋菜这一种。苋科苋属的多种植物都可以作为野菜食用，常见的有反枝苋、绿穗苋、皱果苋、凹头苋等，它们的长相大同小异，乍一看很难分清，但是有一些小细节可以帮助我们识别。

反枝苋（*Amaranthus retroflexus*），原产于美洲的热带地区，现在广泛分布于世界各地，多生长在田园内、农地旁、农村房屋附近的草地上，有时还会生长在瓦房上。反枝苋茎秆粗壮，有时甚至可以长到一米多高。反枝苋会抑制农作物的生长，能力之强，使其成为如今让人头疼的田间杂草。

绿穗苋（*Amaranthus hybridus*），与反枝苋长得非常像，只是植株显得更修长，花序也更长。

皱果苋（*Amaranthus viridis*），是北京比较常见的杂草，开花的时候特别容易识别，花序略带粉红色，植株也比较瘦小，通常是直立且不分枝的。

凹头苋（*Amaranthus blitum*），其特征是每片叶子的先端都有一个明显的小缺口，故而得名。它与皱果苋非常相似，区别是凹头苋的茎秆会有一部分匍匐在地面上，从植株基部就开始有分枝。

上述苋菜的嫩茎叶都可以作为野菜食用，但是要注意的一点是：它们都含有大量的硝酸盐，如果大量食用，可能会导致中毒，甚至可能致癌。所以，在食用之前最好先汆烫，尽可能多地去除硝酸盐，这样就比较安全了。

·反枝苋·

·绿穗苋·

·皱果苋·

·凹头苋·

马齿苋不是苋菜

从入夏开始，北京的马齿苋（*Portulaca oleracea*）就开始冒头了，这段时间正是马齿苋长得最旺盛的时候，田间地头、墙角旮旯儿都能看到这种植物。虽然名字中带个"苋"字，但是它跟市场上的苋菜并无"亲属关系"，马齿苋自成一科——马齿苋科。

实际上，马齿苋不仅仅是北京的杂草，在全国各地几乎都能找到它的踪迹，因为这种植物的生命力实在是太顽强了。它既耐旱也耐涝，菜园里、农田中、路边，都能成为它的生活场所。若是碰上肥沃的土壤，它就更是如鱼得水了。所以在农民的眼中，马齿苋就是与农作物抢地盘的坏家伙。

马齿苋很好识别，紫红色的圆形茎秆和深绿色的马齿状叶子，看起来都"肉乎乎的"。掰开茎秆，就有透明的汁液流出，这些汁液有种微微的酸味。至于马齿苋的花朵倒是很少有人会注意，因为那些黄色的花朵太小了。只有凑近了仔细地观察，才能发现它们的特殊之处：花朵有 5 片花瓣，柱头裂成 4 ~ 6 片。

在我的记忆中，祖母特别喜欢挖马齿苋：一来，拌上玉米面后可以当鸡饲料；二来，选出鲜嫩的，焯水后用蒜泥和盐凉拌，就可以端上餐桌。但是味道嘛，只能说令人难忘。不过，有一次我在京郊的农家吃到了用马齿苋做馅儿的包子：将马齿苋和酱肉混合，加上一点点豆豉，做成馅儿，配上松软的包子外皮。那是我第一次觉得这种野菜是美味的。如果把外皮换成玉米面做的，也许更能增加几分野趣。

看到这里，如果你已经蠢蠢欲动，想挖一些马齿苋来尝尝的话，还需要注意认清楚挖到的是不是马齿苋。因为在同一时节，还生长着与马齿苋相似的植物——地锦（*Euphorbia humifusa*）。地锦同样是绿叶、红秆，但是外形比马齿苋更纤细些，叶是严格成对生长的（马齿苋的叶子是互生或近似对生）。最重要的是，掰开地锦的茎秆会看到乳白色的汁液。这一点充分暴露了它作为大戟科成员的身份。地锦是有苦味的，虽然没有猛烈毒性，但是不建议大家采食。

　　顺便说一下，树马齿苋（*Portulacaria afra*）是最近被炒得火热的一种观赏植物，有些品种在花卉市场被称为"金枝玉叶"，因为一些长在枝条顶端的叶子会呈现出特别的白色。树马齿苋并非长得粗壮的马齿苋，而是属于另一个独立的种类。树马齿苋原产于南非，当地人会把树马齿苋做成沙拉或汤。至于味道，我就不得而知了。

油菜：
中国油料作物大变革

蚕豆（*Vicia faba*）是人类最早栽培的豆类作物之一，我国有 40 多个栽培品种

菜油和蚕豆：成就川菜的灵魂

今天，大家对于川菜的认识基本上就是"麻辣"二字，审视川菜的目光全都聚焦在了麻和辣上。但是大家通常都忽略了川菜的其他组成部分，那就是油菜和蚕豆。如果没有足够的菜籽油，红油抄手、担担面、水煮肉片等一众菜肴都会缺少滋味；如果没有蚕豆，那就没有豆瓣儿酱，各种"麻婆"滋味又该如何呈现呢？

蚕豆的老家在欧洲地中海沿岸、亚洲西南部和非洲北部，人类种植蚕豆的历史可以追溯到 8000 多年前。这种作物之所以对人类有如此大的吸引力，究其根本，还是因为它丰富的营养物质，蚕豆中不仅富含碳水化合物和蛋白质，还有多种 B 族维生素和矿物质。不同的地区形成了多种多样的食用蚕豆的方法：在地中海区域，人们经常把蚕豆做成炖菜；而在日本，蚕豆的吃法通常是盐烤和烧烤。

相传蚕豆是张骞出使西域的时候带回的物品之一，但没有正式的记载。三国时期的《广雅》中有"胡豆"一词，因为蚕豆来自胡地。至于蚕豆名称的来历，说法不一，元代农学家王祯认为："蚕时始熟，故名。"而明代李时珍则认为："豆荚状如老蚕，故名。"不管怎么样，蚕豆很快就融入了中国人的生活，到公元16 世纪的时候，蚕豆已经成为在中国广泛种植的豆类作物。

在中国，蚕豆的吃法更是多样，除了清炒和五香之外，它还成为四川豆瓣儿酱的主要原料。传说豆瓣儿酱起源于蚕豆意外淋雨发霉，勤劳的主妇将这些变质的蚕豆收集起来，加入大量的辣椒和盐，最终做出了豆瓣儿酱。不管起源如何，豆瓣儿酱的发酵制作工艺将藏在蚕豆中的鲜味儿彻底引爆（蛋白质分解变成了氨基酸），并成为川菜当中异常重要的调味料。

如果说蚕豆偶尔还能因为豆瓣儿酱被人想起，那么川菜中的油就很少被人注意了。但如果少了足量的菜油，恐怕也没办法炒鱼香肉丝了。在清代川菜正式形成之前，中国人并没有可以大量使用的植物油脂，而这直接跟油菜相关。

芝麻和大豆：古代常用的提油植物

中国人最早食用的植物油，不是豆油，也不是菜籽油，而是芝麻油。这种胡麻科胡麻属的植物，是人类最早栽培的油料植物——没有之一。公元前 2000 年，印度和巴基斯坦一带的人就开始种植芝麻了，当时的人最初只是以其种子为食，后来才逐步把它用作油料植物。芝麻被带入中原种植，是东汉时期的事情。

除了芝麻油，中国古代食用最多的当属豆油。大豆原产于中国，是最早被驯化的农作物之一，也是五谷之一。不过，在漫长的农耕历史中，大豆的主要使命一直是提供蛋白质，而提供食用油只是大豆的"兼职"而已。毕竟大豆中 40% 是蛋白质，油脂只占 20%。

虽然在北宋时，苏东坡就曾经在《物类相感志》中写道，"豆油煎豆腐有味"，但是豆油在古代一直默默无闻。这有两大原因，其中一个原因是，大豆中的磷脂（组成细胞膜的成分）含量比较高，压榨后都混进了豆油之中，因此豆油有股腥味儿。今天，精炼技术成熟之后，大豆油才成了重要的食用油。

另一个原因是，不管是芝麻还是大豆，其生长时间与主要粮食作物的生长时间都是重叠的，也就是说，这些油料作物是要与粮食作物争夺土地的。在粮食亩产只有不到100千克的古代，这种争夺将会危及粮食安全。

芝麻（*Sesamum indicum*），俗称油麻、脂麻、胡麻，原产于印度。其种子油脂含量约55%，既可食用也可榨油

花生和向日葵：源自美洲的奇怪兄弟

与芝麻、油菜和大豆的华丽表演不同，来自美洲的两种油料作物一直在低调、沉稳地承担着自己的责任，它们就是花生和向日葵。

乾隆时期，引入的花生的种植范围从闽粤地区扩展到了长江流域，进而覆盖了中国北方的大部分省区。平心而论，花生是种近乎完美的油料作物，种子中脂肪占 50%～55%，蛋白质占30%，而且籽粒完全可食用，滋味也不错。花生榨出的油品质也不错，油酸和亚油酸这些不饱和脂肪酸的含量可以占到总脂肪酸含量的 80%。不过，花生油的油酸含量比大豆油、菜籽油和葵花籽油高，所以冬天的时候，花生油更容易被"冻"住。但是，花生油没有成为中国古代重要的油料作物，关键原因是最初引入中国的花生品种不够好。

最初进入中国的花生（龙生型花生）是密枝亚种中的茸毛变种，俗称"龙花生"，特点是植株匍匐生长，多毛，每个种荚有 3～4 粒花生。

花生

明
清

相对于 20 世纪 50 年代后广泛栽培的普通型花生，龙花生受到自身特性（产量低、生育期长）的限制，无法成为主要的油料作物。

另一种油料作物向日葵则原产于美洲。大约在 5000 年前，北美的印第安人就已经开始种植向日葵了，他们还把其花朵形象用于象征太阳。1510 年，西班牙探险家把向日葵的种子带回了欧洲，于是这种"太阳花"开始了环游世界之旅。18 世纪，葵花籽油开始在俄罗斯流行，成为当时的教徒在斋戒期间可以吃的少数几种油料之一。时至今日，向日葵已经成为世界四大油料植物之一。

明代中期，向日葵传入中国，并逐渐成为我国北方一种重要的油料植物。1949 年之前，中国栽培的向日葵以直接食用型为主，这类向日葵的特点是果仁大、含油量低（只有 25% ~ 30%），我们平常吃的有黑白条纹的葵花籽，就来自这种向日葵。在明清时期缺乏压榨设备的情况下，此类籽粒含油量低的向日葵终究只能是边缘油料作物。

油菜：改变了中国的饮食和文化

"缺少食用油"这一窘境直到明清时期才得到极大改善。在清代，真正让植物油成为重要烹饪原料的植物是油菜。可以越冬的油菜的推广，让老百姓的餐桌上真正有了油水。

实际上，我们平常所说的油菜不是单指一种植物，而是指十字花科芸薹属中一类可以产生油料的植物，包括北方小油菜、南方小油菜、油芥菜和甘蓝型油菜。前三种都是我国原产的，最后一种则起源于欧洲。排成"十"字的4片黄色花瓣，四长两短的花蕊，以及羚羊角一样的果实，是它们共同的特征。

北方小油菜是芸薹的一个变种，这也是最早出现在华夏大地的油菜。在记录古代农事的历书《夏小正》中，就有在正月"采芸"、二月"荣芸"的记载，这里的"芸"就是油菜。只不过，这时的油菜还是一种蔬菜，用油菜榨油是宋代之后的事情了。

除了培育北方小油菜之外，在我国广大的南方地区，人们还培育出了南方小油菜，也叫油白菜，即我们今天在超市中看到的小油菜和上海青。只不过，超市里卖的是叶用品种，而榨油用的是油用品种。这两个品种走上了不同的道路，前者成就了著名的小白菜，后者则让植物油在中国南方站稳了脚跟。

甘蓝型油菜的始祖就是野生甘蓝，其实它同花椰菜、卷心菜都是亲兄弟。从植株上也能看出它们的共同特点：全身都包着一层粉霜。它们的厉害之处在于适应性强、产量高、种子含油量高，所以在进入我国之后，其势力范围很快就拓展开来，目前已经在长江流域广泛栽培。

油菜的广泛种植给中国人带来的远不止口味上的改变，它对耕种习惯和农业文化的影响也极其深远。首先，甘蓝型油菜可以在大田中越冬，只要在收割完稻谷之后种上油菜，来年栽培水稻之前就可以收获大量油菜了。这种连作模式极大地推动了两年三熟和一年两熟的生产模式，大大提升了土地利用效率。与此同时，为了解决油菜收割时间与水稻播种时间重叠的问题，中国人还创造出育秧插秧技术，这样就让整个春季的收割和播种之间有了一定的缓冲时间，极大地推动了作物产量的提升。

芸薹（左）和蔓菁（右）的对比。芸薹为主要油料植物之一，种子含油量约 40%，油供食用

　　油菜的发展还"延长"了中国人的时间。在油菜大规模种植之前，中国人缺乏有效的照明能源。虽说豆油也可以点灯，但当时的大豆更多是要先填饱人们的肚子，而且大豆的生长时间与水稻和小麦的生长期有很大重叠，这就极大限制了大豆的生产和豆油的使用。油菜的广泛种植带来了大量廉价的油料，让中国人的油壶前所未有地充盈起来。菜籽油成为油灯的主要燃料，极大改善了古代中国夜晚的照明状况。油灯下，纺车转起来，书卷读起来，毫不夸张地说，油菜影响了中国纺织业和文化的发展。

——

四季豆:
从吃豆子到吃豆荚

　　四季豆是豆科菜豆属植物,中文正名是菜豆。它当然也有一大堆曾用名、俗名,比如芸豆、刀豆、架豆和白肾豆等。四季豆无论是外观、吃法还是名字都很乡土,但是它真不是土生土长的蔬菜,而是从美洲漂洋过海而来的。

四季豆,中文正名菜豆,嫩荚可作为蔬菜食用。因栽培范围广、品种繁多,所以植株的形态、花的颜色、荚果的形状等都有较大差异,味道也不尽相同

吃豆荚的四季豆

四季豆的原产地在中南美地区。人们在秘鲁的远古遗迹中发现的菜豆种子至少有 7700 年的历史，在安第斯山脉其他地区发掘的残留植株甚至有 8000 ~ 10 000 年的历史，足见四季豆的历史悠久。

不过这些豆子的豆荚并不能吃，当地人吃的是藏在里面的豆子，那才是四季豆最初的食用部位。实际上，传统四季豆的豆荚在长大之后就会变硬，不仅外面的果皮会有丰富的纤维，豆荚内侧也会长出硬壳，就像我们平常吃的毛豆一样。

嫩豆荚品种是在四季豆传入中国之后才出现的，那已经是 16 世纪之后的事情了。李时珍在《本草纲目》中对刀豆进行了描述，这大概是中国对四季豆最早的记载。

进入中国之后，四季豆家族出现了分化，不仅有专门提供种子的品种，还分化出了专门提供食用豆荚的品种。这些

大豆俗称毛豆、黄豆，人们常吃的毛豆其实是处于新鲜状态的黄豆，豆荚外皮呈绿色，表面还长有很多细毛

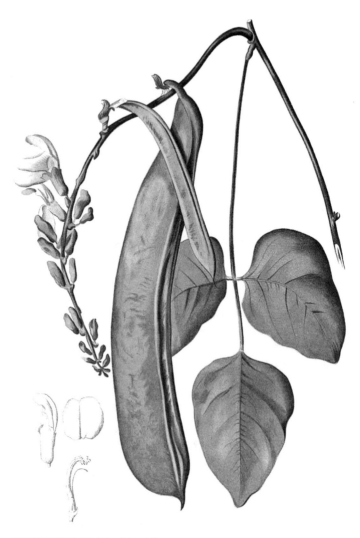

刀豆的嫩荚和种子都可食用，但切记煮熟

品种的豆荚纤维很少，也没有包裹豆粒的外壳，脆嫩多汁，很符合中国人的口味。再加上四季豆种植简单，产量又高，成为乡土蔬菜，特别是我国北方夏季的重要蔬菜也就顺理成章了。

目前学术界公认，能吃豆荚的四季豆是中国人培育出来的，中国也就成了四季豆的次生起源中心。美洲人吃的豆荚四季豆，反而是从中国传过去的，这就像从新西兰"留学归来"的猕猴桃。

会起泡沫的毒素

不管是吃豆子，还是吃豆荚，都有一些规则要遵守。比如美国食品药品监督管理局（FDA）建议：在食用干菜豆种子前至少要将其浸泡 5 个小时，再经过漂洗，才能保证安全；而豆荚四季豆至少要在 100℃的沸水中煮 10 分钟，煮到豆荚变软，颜色转为深绿色或者黄色才安全。之所以这么建议，其实道理很简单：口感爽脆的爆炒四季豆，很可能引起食物中毒。

四季豆的毒性主要来自两种物质——皂苷和植物血细胞凝集素。

乍一看名字，我们都会怀疑皂苷与肥皂有点儿关系。如果单论化学成分，两者确实没什么关系，但是它们的水溶液都可以产生丰富的泡沫，这就是两者最大的共同点。皂苷是豆科植物通用的"防身武器"，几乎所有的豆荚和豆子都含有这类物质，区别只是含量不同而已。

皂苷一旦与红细胞相遇，就会同红细胞中的胆固醇结合，变成不能溶解于血浆的沉淀物，进而使红细胞破裂，引发溶血症状。

不过，值得庆幸的是，我们吃下去的皂苷不会通过消化道进入血液。

但不要以为这样就万事大吉了。尽管皂苷不会到血液里捣乱，但是它会在我们的消化道闹事。皂苷分子在肠道里水解，脱去糖基团后，产生的皂苷元会刺激消化道黏膜，引发局部充血和炎症。如果食用了没处理好的四季豆，食用者最直接的反应就是恶心、呕吐、腹痛和腹泻。

豆荚的秘密武器

除了皂苷，四季豆的"武器"还有植物血细胞凝集素。

听到"血细胞凝集素"这个名字，你是不是有点担心？这东西都能让血细胞凝聚在一起，那吃下去还得了吗，那不就是置人于死地的毒药吗！

事实也确实如此，这类特殊的糖蛋白可以让红细胞凝聚。流感病毒和许多细菌表面也都有这种特殊物质，从植物中分离出来的被称为植物血细胞凝集素。

还好，我们吃四季豆的时候，血细胞凝集素不会直接进入血液中。它与皂苷一样，只会在肠道里面捣乱。凝集素会与肠道表皮细胞结合，影响肠细胞的生理功能，导致胃肠细胞难以吸收蛋白质、糖类等营养成分。如果直接摄取凝集素，结果显而易见——吃下的四季豆越多，人体真正能获取的营养就越少（即便算上呕吐出去的营养）。

幸好我们有对付凝集素的方法。凝集素主要集中在植物的胚和子叶之上，高温加热后会被分解、破坏。对于豆子来说，需要

扁豆的荚果呈长圆形，扁平，在紫花品种中为紫黑色，在白花品种中为白色。嫩荚可作为蔬菜

在 100℃下加热 10 分钟才能保证食用安全。在家里，这一点是比较容易做到的，所以四季豆中毒案例通常发生在学校、工地这些场所。加工量大必然会影响部分豆荚的加热时间，从而增加使人中毒的风险。

　　到目前为止，不管是皂苷还是凝集素都没有解毒剂，只能通过催吐、洗胃或者对症治疗进行救治。这就提醒我们：四季豆一定要彻底煮熟后再吃。

—

菊芋:
被本土化的外来蔬菜

　　一些具有特殊味道的调料，经常会成为潜伏在菜肴里的卧底。比如，在吃红烧肉或烧土豆的时候，经常能吃到外形极为相似的姜块，使得嘴里满是浓浓的辛辣味，以至于有些朋友对姜产生了莫名的恐惧，看到生姜模样的东西就会下意识地退缩，这里面就包括菊芋。这种似姜非姜的植物究竟有什么身世？它跟姜究竟有没有瓜葛呢？

通通都是向日葵

还记得童年的时候，我曾和朋友偷偷跑到一片神秘的、被篱笆围起来的菜地里，刨一些长得高高的绿秆植物，据说在那底下埋着很多好吃的东西。结果，我们挖出来很多生姜模样的东西，一看到它，我们立马就放弃了，作鸟兽散，惹得菜地的大爷在大院里吼了几天。现在想来，我们刨出来的就是菊芋（*Helianthus tuberosus*）了。

很多朋友看到"菊芋"这个名字，肯定会觉得很陌生，但是要说到洋姜、鬼子姜，就觉得亲切起来。虽然菊芋也叫洋姜，但是它跟生姜一点儿关系都没有。要是论辈分，菊芋跟向日葵倒是有几分亲戚关系，它们同属于菊科向日葵属。

实际上，如果看到菊芋的花朵，我们就会发现，这不就是缩小版的向日葵吗？然而，这些"小向日葵"并不能为我们提供瓜子。菊芋为我们提供

菊芋的花似向日葵，具有肥厚的块茎

的，其实是它肥厚的块茎。

从名字就可以看出，菊芋并非中原植物，它的老家在北美洲。菊芋 17 世纪被传入欧洲，18 世纪末才传入中国。到 19 世纪的时候，菊芋的栽培到达顶峰。因为菊芋的外形与中国人熟悉的生姜相似，于是它才有了洋姜、鬼子姜的称呼。

甜还是不甜

新鲜的菊芋并没有特殊的甜味，只是吃起来有脆脆的感觉。而菊科植物特有的萜烯类风味物质，让新鲜的菊芋成为不是很受欢迎的蔬菜。也是，谁愿意吃这种带菊花味儿的块茎呢？

好在菊芋是可以"变身"的，"变身"的过程就是腌渍。经过一段时间的发酵，菊芋中所含的菊糖会被转化成简单的糖和酸，从而使菊芋呈现出独特的酸甜味。这使得菊芋腌菜成为秋冬季节的餐桌上一道不错的小菜。在四川的一些地方，人们会把经过轻度腌渍的菊芋块茎切成细丝，再加蒜瓣爆炒。这样一来，清甜之中混着大蒜特有的风味，用来配白粥再合适不过了。

菊芋也是名头响当当的膳食纤维家族的成员。高膳食纤维、低脂肪、零淀粉的菊芋，正是健康食品的代名词。

菊芋中所含的绝大多数碳水化合物是以菊糖（也叫菊粉）的形式存在的。这种多糖是带有葡萄糖残基的果聚糖，不能被人体直接消化吸收。所以当我们摄入菊芋，肠胃会拼命地运动，以便把这些占地方的物质排出体外，可以说菊芋在很大程度上促进了肠道蠕动。所以，便秘的朋友不妨多吃一些菊芋。

另外，菊糖也可以成为肠道有益菌的食物。对身体有益的细菌繁育壮大，就不会给外来的有害微生物以可乘之机。

变果糖，还是变柴油

菊芋中富含的菊糖是由很多果糖残基组成的，只要经过适当的水解作用，菊芋就能变成甜甜的高果糖浆。用菊芋发酵得到的糖浆，果糖含量可以达到 80%。当然，这并不是菊芋的终极形态，从糖到酒，只有一步之遥。

实际上，在欧洲的很多地方，菊芋除了作为蔬菜食用，还可以用来酿酒。用菊芋酿造的酒精饮料有特殊的微微甜味和水果香气，但还是不可避免地有菊花的味道。

当然，科学家也在尝试把这种发酵手法用在大规模的工业生产上。因为菊芋耐贫瘠，不会与现有的农作物争夺耕地，更不会威胁到人类的主食安全，于是大量种植菊芋，将其用于制造酒精燃料，是再合适不过的了。

也许有一天，你会拿着菊芋甜饮料，坐在使用菊芋燃料的汽车上。一块不起眼的菊芋，不经意间改变了我们的世界和生活。

VII

现代

一

牛蒡归来
松茸金贵

吃饱变吃好的中国餐桌

过去的四十年是中国飞速发展的四十年。且不说
"神舟"飞天，"蛟龙"入海，"悟空"去了宇宙
探测，高速铁路网四通八达。单单看我们的日
常生活，就发生了难以想象的巨大变化：绿皮
火车变成了高铁，日行几千里不在话下；看电
视不用再挤进大院的传达室去围观黑白电视机，
每家都拥有一台高清电视机；寄送信件也不用
再到邮局排队，打开手机应用程序就能预约快
递员上门取件，还能实时追踪邮件状态；一部
智能手机就可以联通整个世界；吃饭不必亲自
跑去餐馆，网上下单就能送到家门口……当然，
人们的菜园和菜市场也发生了巨大变化。

番茄：
口味变差谁的错

　　番茄，又叫西红柿。我们虽然嘴上"番茄""番茄"地叫着，但吃的时候可想不到它其实是外来客。关于番茄的故事不胜枚举——从大胆吃"狼桃"的画家，到番茄的蔬菜水果分类；从反季节蔬菜，到疑似转基因食物。每个老饕心中，都一定有关于番茄的各种故事。

来自南美的"樱桃"

番茄名字中的"茄"字确实贴切——它跟茄子是一家，同属茄科植物。番茄的老家远在南美洲的安第斯山脉。大约在公元前500年，野生的樱桃番茄（分布于南美洲的8种野生番茄之一）被当时中南美洲的统治者——阿兹特克人收进了自家菜园。樱桃番茄果如其名，有着比肩樱桃的玲珑身材。

欧洲人在16世纪初刚刚踏上南美大陆的时候，就对这些长着漂亮果实的植物产生了浓厚兴趣，并将它们带回了欧洲大陆。只不过，这些番茄被送进了花圃，而不是菜园。据说这是由于一本植物学书上的错误记载，番茄因而被打上了有毒的标签，并被命名为"狼桃"（wolf peach），以示其"毒性凶猛"。

直到后来，意大利人开始在比萨等菜肴中使用番茄，番茄才真正被当作一种蔬菜来种植和推广。注意，直到这时，番茄都还是袖珍型的。自从番茄加入蔬果队伍，更大、更多的果实就成了番茄育种的主要目标。随后，经过人们不断地对番茄杂交选育，番茄的个头越来越大。只是这些个头变大的番茄不香也不甜，甚至连酸味都没有，完全失去了"狼桃"的个性。番茄在17世纪时就传入中国，直到20世纪20年代才开始爆发性增长。

番茄的味道变差

今天，总是有朋友抱怨道："现在的番茄没有番茄味儿了，一点儿都不好吃，这通通都是因为转基因。"

然而，番茄的味道变差真不是转基因的错，而是农产品生产工业化的必然结局。市场更青睐高颜值、耐储运的品种，很遗憾，这些特点通常跟口感、滋味背道而驰。

先来说颜值。原先的番茄通常青一块红一块，而现在的番茄全身都是红的。这些全红番茄的高颜值，是以"出卖"合成叶绿素的基因为代价的。这不仅会影响果实，还会影响叶片，直接降低了番茄进行光合作用的能力。这样一来，植株生产的糖分减少，番茄就没那么甜了。

再说说耐储运。现在的番茄很少有沙瓤的，就是因为农户更倾向于栽种更坚挺的品种。所谓沙瓤，是指番茄在成熟时细胞间隙中的果胶酶发生分解，细胞成为松散的结构。而现在的番茄即使在成熟的时候依旧硬邦邦的。这样的番茄容易保存和运输，这对于商家无疑是个好消息。然而，这一切都是以牺牲口感为代价的。

当我们慨叹无法观看生命演化过程的时候，不妨看看番茄，这种果实就在我们身边不停地改变。据说，科学家已经在番茄中找到了合成辣椒素的基因，正琢磨着怎么打开它的"开关"。也许在未来的某一天，菜摊儿上的大妈会问你："你是要辣的番茄，还是不辣的番茄？"那个时候，番茄也许不在蔬菜摊儿，也不在水果摊儿，而是被放在调料摊儿，准备横扫整个调料界了。

反季节蔬菜，是否是你的菜？

　　作为一个"80 后"，我有两个关于蔬菜的深刻印象。

　　第一个印象是关于大白菜的。每年入冬之前，每家每户都会购买大量大白菜。所谓"大量"不是几十斤，也不是几十棵，而是几百棵大白菜。稍加晾晒之后，这些大白菜就会被整齐地码放在房檐下、地窖中或者楼道内。总之，家里能塞大白菜的地方都被塞上了大白菜，它就是北方人在冬天的主要储备蔬菜。冬储大白菜的味道虽然比不上新鲜的，但人们为了摆脱单一的做法，在烹调方法上做了各种创新。比如，白菜帮儿适于醋熘，白菜心适于凉拌，稍老一点儿的白菜叶可以与猪肉、粉条一起炖，整棵白菜剁碎了还可以做饺子馅。毫无疑问，大白菜就是冬天餐桌上的王者。

　　第二个印象是关于番茄的。每年初秋的时候，都会有一个跟番茄有关的日子，只不过那个时候，番茄并不叫番茄，而是叫洋柿子。这大概是因为这东西长得像柿子，又是漂洋过海而来。在这一天，所有小孩都会被安排做一件平时想做但大人不让做的事儿——把番茄捣成酱。把这些番茄酱装进清洗、消毒后的输液瓶（没错，就是输液瓶，那可是家里大人托关系从医院搞来的），放在蒸锅上蒸半小时，再塞好橡胶瓶塞，放在阴凉处保存起来，原生态番茄酱就做好了。等到天寒地冻的时候，打开瓶塞，用这种番茄酱炒鸡蛋，简直能把整个大杂院的"馋虫"都勾出来。

今天，人们的厨房里既没有大量冬储大白菜，也没有一排排自制番茄酱。因为超市里的蔬菜货架总是满满当当的，新鲜的蔬菜也不再是稀罕物，即便是在寒冬腊月也能吃上新鲜的黄瓜和番茄。

餐桌上任何时候都有新鲜蔬菜，有人反而担心这些反季节蔬菜会影响人体健康了。

隆冬时节，北方菜市场的蔬菜究竟是从哪儿来的？它们的营养价值会不会大打折扣？反季节蔬菜会不会用到很多农药，会不会危害人体健康？所谓"不时不食"的说法是正确的吗？

反季节蔬菜有三类

所谓反季节蔬菜，就是那些不在当前大田里出现的蔬菜品类。究其来源，无非有三类：一类是从遥远的南方跋山涉水运送而来的南方蔬菜，第二类是从冷库里搬出来的应急储备蔬菜，第三类则是大家最熟悉的大棚蔬菜。

第一类反季节蔬菜，只是个地理概念上的标准。云南、海南等地一年四季都适合种植各色蔬菜，所以我在云南生活的 4 年中，从来没有感觉到四季的蔬菜有多大的区别。除了一年只产一茬

·生菜·

·豌豆·

·卷心菜·

·萝卜·

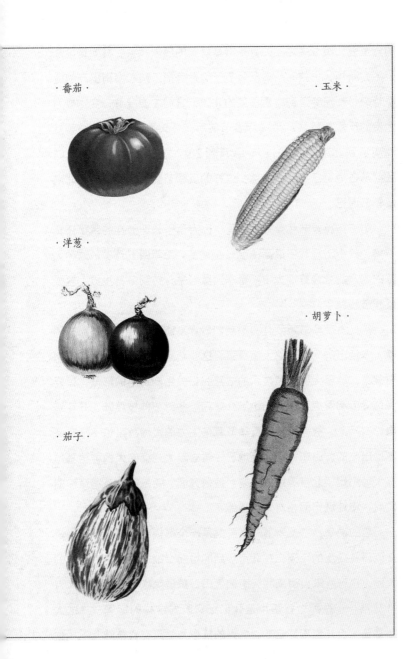

·番茄·

·玉米·

·洋葱·

·胡萝卜·

·茄子·

的青蚕豆、豌豆尖之类的算是货真价实的应季蔬菜，其他青菜几乎不会断档，也就无所谓反季节了。只有把云南和海南出产的应季辣椒、番茄等运到冰雪覆盖的北国，它们才能摇身一变，成为金贵的反季节蔬菜。2011年春节前后，每天都有1500吨蔬菜从海南运到北京。从2011年12月到2012年3月，就有19万吨蔬菜从各地运送进京。当然，这样的反季节蔬菜，仅仅是在北京反季节而已。

第二类反季节蔬菜并不多见，因为适于长期储存的蔬菜还真不多，其中出现频率最高的就是蒜薹了。每年四五月份，这种大蒜的副产品就会蜂拥上市。春季储藏起来，待到冬日投放，就成反季节蔬菜了。

第三类反季节蔬菜其实是我们最容易碰到的，特别是那些顶着"本地出产"名号的大棚蔬菜。这些蔬菜才是名副其实的反季节蔬菜。随着大棚种植技术的成熟和相关生产费用的降低，只要保证温度和湿度，蔬菜们也不介意在隆冬时节伸枝展叶、开花结果。实际上，被大家视为反季节蔬菜主力的大棚蔬菜也不一定是本地出产的，山东、河北等地已经建立起大规模的大棚种植基地，极大地满足了北京等地的需求。追根究底，还是因为交通运输的发展，使地域空间相对大大压缩了。

总的说来，"反季节"本身就是一个很模糊的概念。在物资交流日益广泛的今天，在北京买到的番茄可能来自山东、河北的大棚，也可能来自海南和云南的大田。虽说辣椒一直是那个辣椒，番茄也一直是那个番茄，但我们经常听到这样的抱怨："这大棚番茄一点儿都不好吃""冬天的辣椒为啥只有青草味儿""这黄瓜一点儿黄瓜味儿都没有"……

这些反季节的家伙，跟它们在大田里的同类到底有什么区别呢？

反季节蔬菜的变化

反季节蔬菜没有记忆中的香甜滋味，这并不是我们的心理作用，这些家伙的成分跟大田里出产的确实有差异。如大棚番茄的含糖量确实比较低，这是因为番茄中糖分的储备跟温度有着密切的关系。实验证明，在27℃左右条件下生长成熟的番茄，果糖和蔗糖的含量明显高于其他温度下生长的同类的指标。除了含糖量，温度还会影响番茄的特殊气味。一般来说，成熟期的番茄，要在20℃以上才能更好地积累香气物质。即使成熟之后，番茄的储藏过程中的温度也不能过低，否则会使香气物质含量迅速下降。显然，冬天的大棚大多不能完全满足番茄对温度的需求，这自然会影响果实的表现。

除了温度因素，太阳没晒够也会影响番茄的口感。适当补充光照，不仅可以提高果实的含糖量，而且更有意思的是，随着光照的增强，蔗糖会向果实中心转移、集中，留下酸的外皮。类似的是，辣椒的品质也受光照强度的影响。当实验光照降低为夏季自然光照的55%时，辣椒素的含量会出现明显下降。北京农学院的一项温室黄瓜实验也发现，只要延长光照时间，特别是增加红光和UV-A紫外线的照射量，黄瓜的维生素C和蛋白质的含量就会大大提高。

蕹菜，俗称空心菜、蓊菜、藤藤菜，适宜生长于气候温暖湿润、土壤肥沃且湿度高的地方，不耐寒。
原多栽培于我国中部及南部。近年来已成为夏季北方市场上的常见蔬菜

看来，只有在适宜的光照强度下，才能得到味道好的蔬菜。不过，温度问题还算好解决，若要使光照达到合适的水平，无疑将提高种植成本，提升本来就已经相对高昂的冬季菜价。

如果说大棚蔬菜是受天时的制约，那为什么海南等地的大田里出产的蔬菜在运到北方城市后，味道也不大对呢？若是在大田里成熟后才采摘，当然没有问题。但是为了保证在运输中蔬菜不会腐烂，许多蔬果在没有完全成熟时就被"请"进了包装盒。而成熟度会影响香气的积累，如番茄中的己烯醛和己醇等风味物质会随着果实的成熟逐渐增加。那些没有完全成熟就被运往北方的海南番茄，香味自然要差那么一点儿了。

除了栽种和采收的影响，品种也是个大问题。就拿番茄来说，多年来，科研工作者一直在改良番茄品种。不过，改良的首要目标不是让其更香甜，而是要它果实结得更多、长得更硬。前者的目的自不用说，后者的作用就是方便运输和储存。虽然现在还没有证据说明这些"产业化"特性跟番茄的风味相冲突，但是选育中的不重视，就足以让风味好的番茄越来越少，让有着更硬果肉、更厚果皮的番茄占领市场。

除了味道，营养也是要考虑的因素。在上述种植实验中还发现，控制光照和温度不仅会改变蔬菜的口味，还会影响维生素、蛋白质的含量。不过，相对于口感，这种营养的变化对人们的影响要小得多。比如，100 克不同品种的黄瓜中维生素 C 的含量相差不到 2 毫克，如果觉得维生素 C 不够，多吃个橙子或者一两片大白菜就能补回来。毕竟，吃反季节蔬菜也就是图个新鲜，我们大可不必在营养成分上纠结。

牛蒡：
熟悉又陌生的"东洋菜"

虽然"以貌取人"并不可取，但这是隐藏在人类潜意识里的反应。这种反应虽有先天的因素，但大多数都是后天养成的。不同人群的生活习惯、饮食历史，都会影响我们的判断。比如，有些菜蔬是和我们一拍即合的，像萝卜、冬瓜、大白菜，一看就有种"老朋友"的感觉，即便是漂洋过海而来的马铃薯、茄子和番茄，看起来也有种熟悉的感觉。但是，有些菜看起来就不好吃，牛蒡就是这样一种菜。

牛蒡的前世今生

牛蒡是日本的传统食物，在西方人看来，它与树根、草根无异。第二次世界大战中，日军给盟军战俘提供了大量牛蒡，后来这件事被当作虐待战俘的证据呈上了军事法庭。

今天，牛蒡终于迎来了翻身的一天，各种牛蒡茶、牛蒡汤、牛蒡减肥产品一股脑儿地出现在了华夏大地的货架之上。很多人都不知道，这牛蒡其实是不折不扣的原产自中国的蔬菜，只是它们已经离开老家太久了。

牛蒡的分布范围很广，整个亚欧大陆都适合其生长，但是把牛蒡当作野菜吃的人很少。若说把牛蒡从野草驯化成蔬菜，这还是中国人的功劳。中国人相信牛蒡对人是有好处的：牛蒡的果实可以疏散风热、宣肺透疹、散结解毒；根可以入药，有清热解毒、疏风利咽之效。《经史证类备急本草》第九卷也记载了牛蒡根（恶实）的作用："久服轻身耐老""通十二经脉，洗五脏恶气"。因而中医中，牛蒡又有"大力子"之名。

公元 920 年左右，牛蒡被遣唐使带到了日本。自此，牛蒡在日本开枝散叶，很快就成为日本民众喜好的重要蔬菜。从凉拌菜到炖汤，从天妇罗到牛蒡茶，一日三餐都可能用上牛蒡。

反观中国的牛蒡，则有几分落寞，它从唐代之后就逐渐退出了热门蔬菜的竞争。在同一时期，牛蒡也曾经作为蔬菜出现在欧洲人的餐桌之上，但是很快就被后起的其他蔬菜替代了。因此，盟军战俘认为日本人提供的牛蒡是虐待战俘的树根餐，也就不难理解了。曾经，牛蒡只在日本人的餐桌上拥有位置，不过这种情形正在逐渐改变。富含膳食纤维且热量低的牛蒡，以健康食品的身份，带着各种神奇的功效重回故土，被摆上了中国人的餐桌。

健康"棒棒糖"

如今，牛蒡最被人推崇的就是其富含的膳食纤维和菊糖。每100克牛蒡根中就含有6克膳食纤维。在某种程度上，牛蒡可以说是一种健康的"棒棒糖"。只不过，这根"棒棒糖"上的糖与我们熟悉的甜蜜的糖并不一样。这种糖并没有甜味，也很难被人体消化吸收，这种看似无用的化学物质，为何会被追捧呢？

这是因为膳食纤维和菊糖有着特别的功能。首先，菊糖这种多糖类物质可以促进肠胃蠕动，有利于维护肠道功能，对便秘等消化道问题有很好的缓解作用。其次，多糖类物质对于维护肠道菌群的健康也有重要作用。近年来，随着对肠道菌群研究的深入，人们认识到了这些不起眼的微生物对健康的重要作用。比如，以双歧杆菌为代表的肠道益生菌，不仅能抑制有害细菌的繁殖，还可以生成对人类健康有益的维生素。再则，膳食纤维可以吸附一定的胆固醇，从而协助人体将胆固醇排出体外，对降低人体血液中的胆固醇含量有一定的帮助。

现代

牛蒡的头状花序排成伞房或圆锥状伞房花序，总苞片多层，绿色，无毛，近等长，先端有软骨
质钩刺，小花呈紫红色。瘦果为浅褐色，冠毛多层，为刚毛糙毛状，不等长

牛蒡"脸"变色

　　牛蒡除了有特殊的味道，削皮后如果不及时处理，还会很快变黑，这与牛蒡所含的多酚类物质有关。多酚类物质都是活泼的化学物质，在多酚氧化酶的作用下，它们特别愿意与氧气结合。多酚类物质被氧化之后就变成了有色物质，最终让牛蒡换上了一张"包公脸"。

　　虽然会带来变色的小麻烦，但多酚类物质让大家更关心的是它能不能帮助人体清除多余的氧化物质。人体内每时每刻都在进行化学反应，这些反应不可避免地会产生一些氧化性很强的物质。我们时常听到的自由基就是一种强氧化性物质。如果这类物质过多，就有可能破坏人体内的蛋白质、DNA（脱氧核糖核酸），甚至细胞结构。目前，人体的衰老被认为与氧化有很大关联，所以从逻辑上说，补充足够的抗氧化剂（如多酚、花青素等），就可以在一定程度上缓解自由基对人体的破坏，从而延缓衰老。

　　但事情并不是这么简单。如何摄入足够的多酚类物质？如何把它们送到人体急需的部位？如何保证这些多酚类物质都能与自由基有效结合？到目前为止，这些问题都没有确定答案。况且，自由基并非都是坏的。人体内还有很多有毒、有害的物质，要想清除这些坏家伙，还需要自由基出马。从这个角度讲，自由基对维护人体健康也具有重要作用。

现代

菊的味道

从相貌上看，细长的牛蒡与山药有几分相似。但山药是薯蓣属植物，中文正名是薯蓣。而牛蒡则是典型的菊科植物，带刺的总苞包裹的是红色的花朵和由花朵发育而来的果实。与山药的块茎成熟度越高、品质就越好的性质不同，牛蒡必须在结果之前采挖，否则就会因纤维过多而无法入口。

在大多数人的印象中，菊科家族能入口的也就是菊花茶了。其实不然，菊科家族为我们提供的都是新鲜的叶片，比如生菜、莜麦菜、苦菊和偶尔被端上餐桌的蒲公英等。另外，菊科家族也有供食块茎的物种，传统腌菜原料——菊芋和新近兴起的雪莲果，都是菊科家族的块茎类蔬菜。不管是菊芋还是雪莲果，都含有大量的菊糖和膳食纤维，所以吃的时候要稍稍控制量，否则就要不停跑厕所了。

凉拌牛蒡的口感虽然算得上脆爽，但是那种夹杂着土味儿的特殊菊花味儿，着实让人不舒服。我第一次吃牛蒡时，感觉并不是很愉悦。

菊科家族的特殊味道来自其中的萜烯类化合物，这种化合物在菊科蔬菜身上都打上了特有的标记，我们只要细品一下，都能识别出它们的身份。

通常来说，蔬菜中的土味儿大都与放线菌有关。不过，牛蒡的土味儿不是因为放线菌，而是其所含的单宁物质。当单宁与铁发生作用时，就会产生一种特别的泥土味儿。这种情况也发生在雪莲果身上。

松茸:
从臭鸡枞到软黄金

　　同样是蘑菇，有的廉如白菜，有的价比黄金。平菇就是前者的代表，它平易近人，是一种常见的食用菌；而松茸则是后者的代表，它是世界有名的珍稀名贵的药用菌。为什么有的蘑菇平平无奇，走进千家万户；有的蘑菇却一步登天，飞上枝头变凤凰呢？

松茸大家族

松茸（*Tricholoma matsutake*）因为形似鹿茸，伴松树而生得名。除了松茸，它还有一大堆名字，如松口蘑、杉蕈、松菇、合菌、台菌、松菌等等。松茸在我国主要分布于东北地区以及横断山脉区域，日本和朝鲜也是松茸的主要产地。

需要说明的是，松茸并不是一种菌子的名称，而是一类蘑菇的通称，包括口蘑科口蘑属的一众蘑菇。松口蘑是其中的代表，也就是"正版"的松茸。松茸家族中还包括松茸台湾变种（*T. matsutake* var. *formosa*）、黄褐口蘑（*T. fulvocastaneam*）、假松茸（*T. bakamatsutake*）、青冈蕈（*T. quericola*）和粗壮口蘑（*T. robustum*）。

不同种类的松茸生长的区域可能有差别，比如假松茸和青冈蕈就不长在松林中，而在阔叶林之下。只是，松茸与这些兄弟种的形态差异不大，再加上采松茸的菌农也不乐于细分，所以在很多情况下，这些兄弟物种都被当作松茸出售了。

至于吃松茸的历史，那可谓久远，《菌谱》《本草纲目》中均有记载。在中国，松茸只是口味稍特别的蘑菇；而在日本，松茸享有很高的地位。据说，有些日本人会把干松茸装在小布袋子中，时常拿出来闻一闻，在心理上就相当满足了。在日本，松茸被认为有抗肿瘤、提高免疫力、抗氧化、抗辐射等神效。那么，

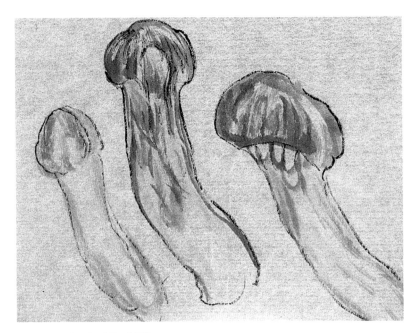

一位日本画家笔下的松茸

松茸真有如此神奇吗？

实际上，松茸的基本成分与大多数蘑菇并无二致。真菌多糖是构成松茸的"骨架"，此外松茸还有少量蛋白质和脂肪。另外，松茸中含有大量谷氨酸和 5'- 鸟苷酸，正是这两种物质让松茸有了鲜甜味。至于松茸的标志性味道，则来自其中的 1- 辛烯 -3- 醇，这种挥发性物质除了具有蘑菇的气味之外，还有薰衣草、玫瑰和甘草的香气。不过，这些物质并没有上述抗肿瘤、提高免疫力、抗氧化、抗辐射等神效。

有观点认为，松茸所含的松茸醇具有一定的抗肿瘤作用，只

现代

是目前的实验都还局限于动物试验，它是否对人体内的癌细胞有效还是未知数。还是那句话，就算松茸醇有奇效，那也需要纯化之后才有效果，单凭吃几朵松茸，显然是不会产生奇效的。

"吃"活食的蘑菇

松茸之所以金贵，不仅与其特别的滋味和宣称的神奇效果有关，最关键的还在于松茸由于难以培育导致的数量稀少。松茸家族的蘑菇，并不像平菇、香菇、金针菇那样满足于枯枝腐叶这样的"食物"，它们的"食物"来源是活的植物。

通常来说，食用菌的菌丝体都依靠分解枯枝落叶中的纤维素来为自己的生长提供营养。这就是为什么我们在购买蘑菇的时候，经常能发现蘑菇"根部"携带着腐烂的植物培养基质。但是，松茸并不能"吃下"这些常见的真菌。松茸的菌丝必须与特殊的树木根系生长在一起，才能获得生长所需的营养。松茸的菌丝体会包裹在寄主植物的根系外围，并深入其中获得营养。

不过，松茸并不是吃白食的寄生植物，它也会为寄主植物提供服务。首先，这些真菌的菌丝替代了植物的根毛，可以从土壤中汲取水分和矿物质营养，为寄主植物所用。再则，这些真菌还充当了寄主植物根系的专属卫队，使其免受各种放线菌和细菌的侵扰。

就这样，松茸与赤松等寄主植物和平地生活在一起。但这也给人类带来一大问题，那就是很难轻松地"种"出松茸。到目前为止，松茸的商品化培育，仍然是个有待攻破的难题。

芦笋:
从创汇商品到家常食材

　　我认识芦笋是从罐头开始的。一根根白嫩的芦笋嫩芽整齐地"站"在罐头瓶里,颇有几分美感,但是味道就很令人失望了。后来我才知道,山西永济曾经是芦笋的重要产区,在计划经济时代为出口创汇做出了突出贡献。除此之外,当年在云南保山种植小粒咖啡,主要的目标也是出口创汇。在那个特殊的年代,出口创汇是个光荣的目标,毕竟1981年时我国的外汇储备只有27.08亿美元,而进口各种先进的工业设备和军事装备都需要用到外汇,于是国内很多产业的生产都是围绕出口创汇展开的。

　　随着产业升级,中国的综合实力不断增强。到2020年,我国的外汇储备已经超过3.2万亿美元。此时,芦笋仍然是重要的出口蔬菜,但是种植的目标已经变成拥有更好的收益和幸福的生活。今天才是中国人真正接受芦笋的时代。

从地中海到全世界

芦笋是天门冬科天门冬属植物，它并不是原产于中国的蔬菜，地中海东岸以及小亚细亚地区才是它的老家。早在 3000 年前，埃及人就开始吃芦笋了。到公元 2 世纪，希腊医师盖伦指出，芦笋是一种非常有益于身体的蔬菜和药草。古罗马人也是芦笋爱好者，他们不仅会趁新鲜食用，还会把芦笋做成菜干储存起来以延长品尝时限，甚至有罗马贵族不惜工本，将芦笋保存于阿尔卑斯山脉的冰峰之上，对芦笋的狂热可见一斑。

相较于古罗马人和希腊人，欧洲其他地区的人们栽种芦笋的时间就要晚得多了。直到 1469 年，法国人才开始栽种芦笋。英格兰最早关于芦笋的记述出现在 1538 年。至于德国人开始吃芦笋的时间，则要到 1542 年之后了。不管怎样，芦笋还是成功地俘获了欧洲老饕们的心，并于 1620 年随着欧洲殖民者成功登陆美洲，开始了它们的世界之旅。

关于芦笋在中国的历史，有学者认为徐光启在《农政全书》中所写的"芦笋考"是关于芦笋的最早论述。但是，有据可考的芦笋栽种已经是清代以后的事情了。《农政全书》中提到的"芦笋"，很可能是指芦苇的嫩芽，毕竟在古代，很多植物的嫩芽都被冠上了"笋"的名号。至于中国人真正开始大规模栽培芦笋，已经是 20 世纪 50 年代之后了。但中国人很少食用芦笋，在很

芦笋的中文正名为石刁柏（*Asparagus officinalis*），是天门冬科天门冬属植物

长一段时间里，芦笋基本上都是作为出口商品而存在的，绝大多数芦笋都被销往欧美地区。这种蔬菜真正出现在中国的菜市场上，已经是 21 世纪之后的事了。

其实，在北方各地的高山上都分布着一种叫龙须菜的植物，其嫩芽就像是缩水版的芦笋，因为它是芦笋同科同属的兄弟物种。这些嫩芽可以当野菜吃，其鲜甜滋味不输芦笋。但是这种植物一直都没有被选入菜园大规模种植，究其原因，还是产量不足，供应时间有限。（毕竟它只能在春季供应嫩芽，供应期最长也只有 4 个月。）

鲜甜又营养的嫩芽

芦笋有着特殊的鲜甜味道，这种鲜美滋味来自其所含的糖和氨基酸。作为植物体中生长最旺盛的部位，嫩芽自然需要足够的营养和能量做支撑。这一点在竹笋的身上表现得淋漓尽致。芦笋的营养成分相当丰富，每 100 克芦笋中，除了 92 克水分，还有 2.6 克糖、3.2 克蛋白质，以及大量处于游离状态的氨基酸。在这些氨基酸中，天冬氨酸和谷氨酸的含量最高，而这些氨基酸又是具有鲜味的。

可是芦笋的最佳品尝时间极其短暂。采收之后，芦笋依然在生长，并持续消耗其所含的营养和能量，所以很快就会失去鲜甜味。此外，由于芦笋内合成了大量纤维素和木质素，当水分流失后，芦笋会变得干硬难嚼。所以在芦笋的栽培过程中，人们会专门把土覆盖在一些芦笋上，避免阳光照射芦笋嫩芽，以便最大限度地减少纤维素的合成，从而获得口感更嫩的白芦笋。

实际上，如何给芦笋保鲜一直都是蔬菜业的一大课题。目前能想到的办法就是控制它们的生长，比如保存在低温环境中。（还好现在我们有了冰箱，不用再去爬阿尔卑斯山了。）调低储存空间的氧气含量也有利于芦笋保鲜。只是芦笋并不耐冻，如果环境温度低于 -0.6℃就会结冰，品质会大打折扣。芦笋最适宜的储存温度是 0 ~ 2℃。所以如果是在家中，把来不及食用的芦笋放进密封袋保存在冷藏室中是个不错的方法。

目前，市面上还有一种速冻技术，就是把新鲜的芦笋在 -30℃的低温条件下速冻，然后储存在 -18℃的环境中，这样一来，贮存时间可以长达 1 年。只是在一般饭店和家庭中，并无这样的操作条件。

不管怎么说，碰见新鲜美味的芦笋赶紧趁新鲜吃掉，就是最佳选择。

高级菜肴带来的小尴尬

很多食材在被吃掉后，都会给食用者带来小小的尴尬局面。比如，吃了韭菜容易打嗝，吃了大蒜呼气有味儿。其实，吃了芦笋，也会有一些意外的"惊喜"，那就是尿液的气味变得怪怪的。

早在 18 世纪，人们就注意到了"芦笋尿"的存在，但是真正揭开其真相，已是 100 多年后的事情了。

"芦笋尿"的奇怪气味与一种叫芦笋酸的物质有关。芦笋酸被人体摄入后，会分解成甲基硫醇、二甲基二硫、二甲基硫醚、

现代

二甲亚砜，以及二甲基砜等化学物质，其中甲基硫醇、二甲基二硫这两种含硫化合物的气味最为强烈，决定了"芦笋尿"的基调。

但是有意思的是，不是所有的人都会产生"芦笋尿"，也不是所有的人都能闻出"芦笋尿"，即便是能产生"芦笋尿"的人，也不一定能闻出这种特殊的气味。在2010年的一项研究中，科学家发现人类辨别"芦笋尿"气味的能力与基因相关。但是，人类的基因里为什么会有这样明显的差异，这仍然是个谜。

还好，"芦笋尿"这件事并不会影响我们的身体健康，那就且吃、且闻、且欢乐吧。

芦笋

洋蓟：
中西接轨的趋势

　　多亏了交通系统的发达和物流系统的便捷，现在，在中国的许多地方，我们也能吃到西方的特有蔬菜了，比如洋蓟。这种长相像松塔的蔬菜并不容易处理，需要一层一层地剥皮，剥到只剩下最后一点点。这种先剥皮再吃的方式，让人有一种吃大闸蟹的感觉。麻烦的吃法、昂贵的价格，让许多人对它敬而远之。而它的滋味，也让人褒贬不一。

四季比萨的"春天"

洋蓟的中文正名是菜蓟，它还有一个名字叫朝鲜蓟。但是洋蓟跟朝鲜并没有特殊关系。"朝鲜蓟"之名其实来自日语。日本人有把外来的东西冠以"唐""朝鲜"之名的习惯，即使它们并不真的原产自中国和朝鲜。（比如辣椒在日语中叫作"唐辛子"。）

洋蓟的老家在地中海地区。在公元前8世纪，这种植物还是庭院中的花朵，后来被古罗马人和古希腊人送入了餐盘。当然了，当时的食客并不是为了洋蓟的美味，而是为了其特别的、促进"男欢女爱"的功效。然而，我们并没有在洋蓟身上找到此种成分。

到今天为止，意大利人仍然是洋蓟的忠实"粉丝"。在经典的四季比萨中，橄榄代表夏天，蘑菇代表秋天，熏肉代表冬天，而洋蓟则代表春天。

直到15世纪末至16世纪初，洋蓟才传入法国。如果它是一种特别好吃、特别有营养的蔬菜，应该不会这么慢吧。

苦尽甘来的感觉

洋蓟的经典吃法是，先把鳞片一样的苞片尖端剪掉，清洗干净后放入锅里蒸煮，直到整个变软。然后进入仪式感超强的进餐环节——把一片苞片剥下来，蘸上蛋黄酱，把上面的可食用部分

·洋薊·

现
代

214

用牙齿刮下来（注意，千万不要把这些苞片整个吞下，除非你愿意忍受磨牙和拉嗓子的感觉），一片一片吃完，直至看到洋蓟肥嫩的芯。再用勺子把芯周围丝丝缕缕的东西挖去，然后搭配其他食材一起吃芯。

洋蓟的口感像是一种充满涩味、软塌塌的竹笋。洋蓟爱好者认为吃过洋蓟之后会有一种回甘的感觉。什么是回甘呢？我们在喝茶，特别是喝浓茶的时候，一口浓茶下去，先是感觉到苦，再喝白开水，就会感觉水变甜了，这就是所谓的回甘。

这种"苦尽甘来"的现象有两种解释：一是像茶多酚这样的化学物质，让嘴里的局部肌肉收缩，产生涩的感觉，当这些物质被冲淡之后，肌肉活动恢复正常，在某种程度上放大了对甜味的感觉，所以产生口舌生津的回甜感；二是苦味和甜味是相对的感觉，比如喝了蔗糖水之后会感觉白开水有些苦，而喝了咖啡之后会感觉水有点甜，这种味觉对比现象也是存在的。

所以，有人吃洋蓟，很可能就是为了体验这种特别的对比效应。

仙人掌和芦荟：
特殊饮食留下的记忆

　　我们生活中很多常见的蔬菜，比如菠菜、韭菜、莜麦菜、茄子、苦瓜、大白菜等，虽然营养丰富、价格亲民，但是在当下食物充裕的年代，大家总想吃点不一样的特种蔬菜，换换口味、尝尝鲜。仙人掌和芦荟就是这样的特种蔬菜，据说它们不仅口感特别，还能为我们补充特殊的营养。

　　那么，花盆里的仙人掌和芦荟是不是摘下来就能吃？有人会用芦荟的汁液涂抹伤口，这种做法是否有效呢？

酸溜溜的菜

　　仙人掌家族只有约 2000 个物种，比起动辄上万个物种的菊科家族、兰科家族，仙人掌家族真的是小家族了。

　　仙人掌之于墨西哥人，就像葫芦之于中国人，原本可观赏、可当容器使用的植物，在充满想象力的人类面前，都变成了食材。除了汁液，仙人掌的肉质茎也经常作为食材出现在墨西哥人的餐桌上。

21世纪初,中国曾经兴起一阵引进蔬菜仙人掌的热潮。我记得当时的电视节目中介绍了很多仙人掌的食用方法,印象最深的就是用处理好的仙人掌当饼,卷烤肉吃,那画面看得我口水直流。但是后来真正吃到仙人掌的时候,所有的美好想象都被打破了——这东西不像甜瓜、黄瓜那么爽脆,口感韧,口味酸,就像腌制的莴笋干。

仙人掌固有的酸味限制了它在中国市场的发展,但是这种酸味的本源却是仙人掌在恶劣环境中生存的法宝。在仙人掌的原生地区,白天酷热难耐。如果在这个时候打开气孔进行光合作用,那水分很快就流失殆尽了;但如果不打开气孔,就无法获得进行光合作用必需的二氧化碳。这个矛盾该如何解决呢?

仙人掌会通过景天酸代谢途径来解决这个问题。晚上,仙人掌打开气孔吸收二氧化碳,同化二氧化碳后产生苹果酸,从而将二氧化碳储存起来;白天,苹果酸会被分解,释放出二氧化碳,参与光合作用。所以,在清晨采收的仙人掌会更酸,因为这个时候它正在分解苹果酸。此外,很多多肉植物身上也都有明显的酸味,因为它们也会通过景天酸代谢途径来储备二氧化碳。

仙人掌带刺闯天下

因为仙人掌的特殊长相,这些植物很容易被识别。绝大多数仙人掌都有扁平或者球状的肉质茎,其上还布满尖刺。要想对仙人掌动手,一定要小心它们身上的刺。

不同种类的仙人掌，身上的刺在大小、密度方面也有很大区别

不过，我们对待仙人掌时，还是常常"因大失小"。人们都会主动避开仙人掌身上明显的大尖刺，却经常忽略仙人掌身上还有很多细小的刺。我第一次吃仙人掌果子的时候就不幸中招了——从盒子里拿出仙人掌果子的一刹那，刺痛的感觉从指尖传来，所以我根本没有记住果子的滋味，只记得一晚上都在拔手上的小刺。后来我在网络上分享了这段经历，才发现网友居然也有类似的故事。有个网友说，他因为太兴奋，直接啃了一个仙人掌果实。那种酸爽，恐怕只可意会，不可言传了。

仙人掌为什么会长这么多刺呢？在许多传统的科普读物中，都有这样的描述：为了适应干旱少雨的环境，仙人掌的叶片退化成刺状，这不仅能减少水分蒸腾，还能防范动物啃食。这看起来没什么问题，但是有"好事"的科学家经过解剖分析发现，仙人掌的刺并没有叶片的结构特征（如气孔），反而更像极度缩短的茎，所以仙人掌的刺是不是叶片退化而成的，仍然是一个值得探究的科学问题。

而且我们要注意的是，并不是所有的仙人掌都没有叶片，在仙人掌科植物中，有一类植物长着郁郁葱葱的叶片，它们就是叶仙人掌。叶仙人掌通常生活在相对较为湿润，特别是雾气较多的区域。这些地区水分较充足，大量的叶片可以帮助叶仙人掌更好地进行光合作用。

小心有毒还致幻

不管你喜不喜欢仙人掌的滋味，我都要提醒大家，有些仙人

乌羽玉

掌科植物不仅装备了尖刺，还准备了"化学武器"。比如，美国南部和墨西哥沙漠中的乌羽玉就有强致幻能力。乌羽玉中含有麦司卡林等生物碱，这类物质会让人产生幻觉。从乌羽玉属植物的种子、花粉中都能提取出这类强致幻剂。

美国得克萨斯州曾发现两个乌羽玉标本，经检测属于公元前3780～前3660年。这两个标本的生物碱抽取物中约有2%的麦司卡林。研究人员推测，美洲原住民最少在5500年前就已经使用乌羽玉了，那里的印第安人会将1/4或一半的乌羽玉种子放在火上烘烤，以吸入其产生的烟气。他们有时也会直接咀嚼种子，或是将其浸泡在水中制成饮料，应用于宗教活动中。

麦司卡林的主要危害是会造成使用者精神错乱，甚至产生暴力行为。这类物质是受到管控的精神类毒品。所以像乌羽玉这样的仙人掌，可不是用来吃的。

芦荟家族

除了仙人掌，芦荟也是一种备受关注的多功能植物，它不仅能作为观赏花卉，还能作为食物，甚至被当作处理伤口的药剂。芦荟真有这么神奇吗？是不是所有的芦荟都能吃呢？

答案是否定的。稍微打量一下我们身边的芦荟就能发现，它们的叶片有薄有厚，有大有小，有的长得像小草，有的却能长成一棵小树。这不是因为芦荟有强大的变异能力，而是因为它们根本就不是同一个物种。"芦荟"这个名字，是 200 多种芦荟属植物共有的名称，它们的共同特征是拥有像鞭炮一样密集的管状花朵。

通常来说，能够食用的芦荟只有库拉索芦荟（*Aloe babatiensis*）。这种芦荟原产自非洲，后来传入美洲。其特点是叶片够大，一根库拉索芦荟的叶片重量通常能达到0.5 千克以上。但是它的茎秆不高，只有 30 ~ 60厘米，所以通常情况下，我们会认为这种芦荟只长叶子。

库拉索芦荟

在花卉市场，我们还能看到好望角芦荟和木立芦荟，这些都是茎秆挺拔的物种，前者的茎秆能长到 3 ~ 6 米，后者虽然矮一点儿，也能长到 2 米。这些芦荟就不是食用品种了。

使用要谨慎

在生活中，人们难免会擦破皮或出现一些小伤口，这时候会有人建议用新鲜的芦荟汁液涂抹伤口。黏糊糊的芦荟汁液的确能帮助止血、促进伤口痊愈，但有的时候，这却并不是明智的选择。

芦荟汁液能止血，主要是因为其中含有多糖类物质。通常来说，只有特定种类的微生物（如双歧杆菌）才能消化、吸收多糖类物质，所以人们把多糖涂抹到伤口之后，就相当于给它贴上了一层保护膜，能阻止金黄色葡萄球菌等有害细菌入侵。这样看来，用芦荟汁液处理伤口倒是有些道理。

但要注意的是，芦荟的汁液中不仅有多糖，还有很多复杂的化学成分，这些成分很可能会引起过敏等不良反应，更不用说有很多芦荟的汁液本来就有毒。所以，有的时候，用芦荟汁液来处理伤口，并不是一个明智的选择。

另外，芦荟中还含有芦荟大黄素，这种物质具有较强的泻下作用。千万不要以为吃芦荟拉肚子是维护肠道健康的结果，恰恰相反，这是一种中毒的表现。

现在市面上成熟的芦荟制品是提纯之后的芦荟多糖，其中的有毒物质已经被去除了，这种情况下就可以正常食用了。至于家里的芦荟，我不建议大家直接吃，有很高的中毒风险。

特殊饮食留下的记忆

不管是芦荟还是仙人掌，都是美洲原住民的传统食物，但是我们能不能很好地享用这些食物，确实是一个值得思考的问题。

美国自然作家加里·保罗·纳卜汉在《写在基因里的食谱》一书中分析了其中的主要原因——饮食传统。在长期的历史发展中，北美地区的原住民缺乏小麦或者水稻这样的主食，即缺乏足够精细的碳水化合物来源；同时，这个区域内也没有像甘蔗这样的糖料作物，因此他们的体内也没有得到大量的糖分供给。在这样的低糖饮食环境中，北美原住民体内的胰岛素水平普遍较低，能适应在低糖条件下维持足够高的血糖浓度。

但是，最近100年来，经过绿色革命，北美地区的粮食变得充裕，收获的玉米、小麦和马铃薯能把粮仓挤爆，从粮食中提取出的果葡糖浆（一种甜味剂）也被大量添加到其他食物和饮料当中。但是，当地原住民的身体显然不可能在这么短的时间内发生变化，原本的胰岛素水平难以应对摄入的过多糖分。于是糖尿病成为今天印第安人的健康大敌，北美洲印第安人患糖尿病的比重，远高于美国人糖尿病发病率的平均水平。

从上述例子就可以看出，不要盲从于当下所谓的特殊健康饮食建议，一定要找到适合自己的饮食。而所有健康的饮食传统早已被蔬菜等食物"镌刻"在了我们的基因当中。要想真正理解所谓的健康饮食，必须从我们的历史、我们的生活传统中寻找有用的智慧。虽然仙人掌和芦荟都是美洲原住民的健康食物，但它们是否适合中国人的肠胃，仍然需要探究。

后记

　　毫无疑问，今天的中国餐桌已经发生了巨大的变化。对广大青少年来说，挖野菜似乎只是个传说，冬储大白菜也已经成为过去的事情——琳琅满目的菜市场就在我们面前。

　　2020年11月，我听了中国科学院上海植物逆境生物学研究中心朱健康教授的一个报告，讲的是用基因编辑手段改善蔬菜营养成分的相关工作。这些工作已经取得了很多阶段性成果——经过基因编辑，每100克生菜中的维生素C含量达到了265毫克。要知道，这是普通柠檬维生素C含量的7~8倍。试想一下，吃几片生菜就能满足一天的维生素C需求，况且种生菜要比种柠檬容易得多。

　　这只是一个实验性的开端，在未来，研究人员可以通过基因编辑手段，丰富蔬菜作物中的营养成分，同时控制那些有安全隐患的毒素（比如四季豆中的凝集素和皂苷），以及影响口味的怪味物质。对于经营了数千年的中国菜园来说，这无疑是一场巨大的变革。

　　当然，也有一些朋友存在疑虑：基因编辑技术会不会带来健康问题和生态问题？这确实是值得深思和探讨的问题。时至今日，人类对于新技术的大规模应用已经越来越审慎。从实验室到菜园，需要大量科研工作的支撑。让大家吃上安全、营养的蔬菜，是相关科研工作者共同的目标。

　　未来的中国菜园会变成什么样，我们今天还无法想象，但有一点我可以肯定：随着信息技术和交通工具的发展，世界各地的交流会越来越多，中国人的菜园会继续丰富下去，各种口味特殊的新鲜蔬菜会不断出现在我们的餐桌之上。在未来，中国菜园会不会变成世界的菜园，让我们拭目以待。